電子電路入門

超圖解

從電路的分類、元件功能到實際應用，一次學習到位！

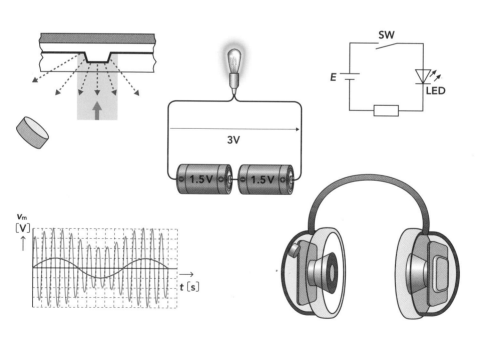

堀桂太郎／著　　陳朕疆／譯

前言

在資訊化的現代社會中，對大多數人來說，電腦已是不可或缺的裝置。電腦是由電子電路組成的裝置。除了電腦之外，電視、音樂播放器、冰箱、電子鍋、掃地機器人等家電，以及隨身配戴的電子錶、無線耳機等，我們周圍的許多產品內都有電子電路。換句話說，電子電路技術已是支撐著我們生活的關鍵要素。

電子電路大致上可分成類比電路與數位電路。過去類比電路是主流，例如電視、音樂播放器等都會用到類比電路。記錄音樂用的媒介，如唱片、錄音帶等，皆是以類比方式為主流。不過隨著數位技術急速發展，目前已有許多類比電路被數位電路取代，記錄音樂的方式也逐漸改用CD、IC記憶體等數位媒介，進入數位電路時代。

那麼，類比電路就沒有存在的必要了嗎？並非如此。舉例來說，我們人類感受溫度、聆聽聲音時，仍需用類比方式處理這些訊息。捕捉自然界的各種現象時，也需仰賴類比方式。因此，即使電腦等數位電路越來越先進，類比電路仍然扮演著不可或缺的角色。

本書的目標，便是以淺顯易懂的方式介紹類比電路與數位電路的基礎。除了說明電的基礎知識、電子電路的用途之外，也會講解類比電路、數位電路的重點。書中還提到了我們周遭使用電子電路的各種產品，希望能提起讀者的興趣。整體而言，本書盡可能不去使用複雜的數學式，而是透過許多富有特色的插圖，幫助讀者理解電子電路的基礎概念。

另外，我在撰寫本書時一直抱持著一種想法，就是希望能讓那些「不懂」電子電路的讀者，在看過本書之後就「懂了」。誠心希望想透過本書學習電子電路基礎的各位讀者，能夠喜歡上這本書。

　　最後，誠心感謝Ohmsha的工作人員，在製作這本書時提供了許多寶貴意見並給予各種指點。

2023年1月

堀 桂 太 郎

CONTENTS

Chapter 2 | 學習電子電路時需要的電學基礎

1

我們周圍有許多使用電子電路的產品！

電子電路究竟是什麼？

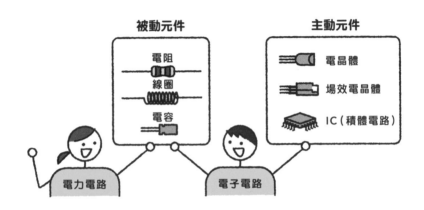

被動元件
電阻
線圈
電容

主動元件
電晶體
場效電晶體
IC（積體電路）

電力電路　　　　　電子電路

與電力電路的差異

電器產品內有各式各樣的零件，包括電阻、線圈、電容等**被動元件**，通電後會產生某種效應，卻無法放大電訊號。另一方面，電晶體、場效電晶體、IC（積體電路）等則屬於**主動元件**，可放大電訊號或用其他方式改變電訊號。電路大致上可分為**電力電路**與**電子電路**。

- **電力電路**　由被動元件構成的電路。
  產品舉例：電暖器、電風扇（不需電子控制的產品）
- **電子電路**　由被動元件與主動元件構成的電路。

產品舉例：智慧型手機、電視、電腦

類比電路與數位電路

　　本書主要討論的是，會用到被動元件與主動元件的電子電路。電子電路可以再分成**類比電路**與**數位電路**。

〈電子電路〉

- **類比電路**　處理類比訊號的電路。
- **數位電路**　處理數位訊號的電路。

　　類比訊號為連續的電訊號。舉例來說，我們的聲音就是類比訊號。數位訊號則是離散的電訊號，一般來說，數位訊號的數值不是0就是1。舉例來說，電腦處理的資料就是數位訊號。

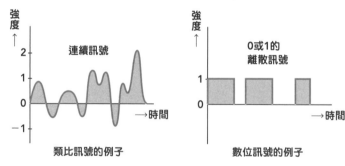

▲ 類比訊號與數位訊號

　　電子電路一詞，常單指類比電路。不過本書不僅會介紹類比電路（Chapter 4），也會介紹數位電路（Chapter 5、6）。另外，本書還會在第2章中介紹電力電路，並在第3章中介紹被動元件與主動元件。

2 裝有許多聰明零件的智慧型手機

體積雖小卻搭載了許多功能！

智慧型手機

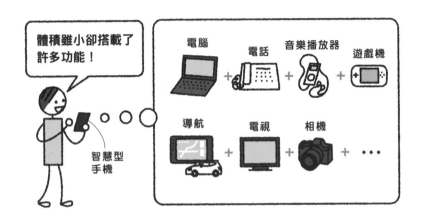

電腦　＋　電話　＋　音樂播放器　＋　遊戲機

導航　＋　電視　＋　相機　＋　・・・

搭載了許多功能

智慧型手機已可說是我們日常生活中不可或缺的**電子機械**。「智慧」源自英文的smart，意為「聰明的」。搭載了許多功能的智慧型手機，只要簡單的操作就能完成各種任務，確實是一台「聰明的」手機。智慧型手機主要由以下幾個部分構成。

- **資料處理**：以CPU（中央處理器）為核心，作為電腦的運算功能。
- **記憶體**：儲存應用程式App、照片、影片、音樂等資料的IC（積體電路）。
- **通訊**：通話功能、連接網路、接收GPS訊號、作為小型天

線等。

- **感測器**：指紋識別感測器、用於臉部識別與其他攝影功能的高解析度相機、加速度感測器等。
- **顯示器**：搭載觸控感測器的影像顯示裝置。從以前的液晶螢幕，轉變成了高畫質、低耗電量的OLED螢幕。
- **電池**：使智慧型手機能長時間運作的小型可充電電池，常使用鋰離子電池。

本書會簡單說明以上手機零件的運作機制。除此之外，手機內部還有通話用麥克風、揚聲器、靜音模式下使手機震動的震動器等零件。

綜上所述，手機可以說是一個由超高性能電腦與通訊機器、各種感測器等組成的電子機械。

在一台智慧型手機上搭載多個相機

近年的智慧型手機常會搭載多個**相機**，有的產品甚至搭載了2個前置鏡頭、4個後置鏡頭，共6個相機。

多個相機
標準、廣角、超廣角、望遠、變焦、景深……

超高畫質
多種補正

比不上啊……

以前的高級相機

▲ 智慧型手機的相機

搭載的相機數越多，相機的感測區域總計面積也跟著增加，使相機能匯集到更多光，即使在陰暗處也能拍出漂亮的照片。另外，透過望遠鏡頭、廣角鏡頭、景深鏡頭的組合，可正確測定出鏡頭與

拍攝物之間的距離，以拍出淺景深或其他有特色的照片，並能以多種方式補正。

分析衛星訊號的GPS

幾乎所有智慧型手機都有搭載**GPS功能**。這裡來說明一下如何用這種功能確定智慧型手機的位置。

GPS衛星在地球周圍繞著地球轉，只要分析這些衛星發出的訊號，便可得知智慧型手機與GPS衛星的距離*D*。以該衛星的位置為球心、距離*D*為半徑，可畫出一個球面，智慧型手機就在這個球面上。

▲ 1個GPS衛星

如果智慧型手機接收2個GPS衛星的訊號，只要得知手機與這2個衛星的距離，便可分別以這2個衛星的位置為球心畫出2個球面，手機就在這2個球面相交而成的圓周上。但即使如此，我們仍然無法確定手機在圓周上的何處。不過，如果智慧型手機接收3個GPS衛星的訊號，便可以智慧型手機與各個衛星的距離為半徑畫出3個球面，這3個球面於2個點相交，其中，靠近地表那個點就是手機所在位置。

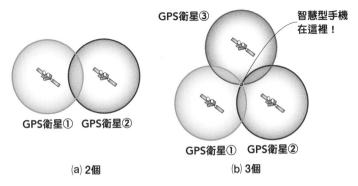

GPS衛星③

智慧型手機在這裡！

GPS衛星① GPS衛星②

(a) 2個

GPS衛星① GPS衛星②

(b) 3個

▲ 多個GPS衛星

　　為了減少誤差，得到更精確的位置，實際上會使用4個以上的GPS衛星訊號。為了讓使用者在任何地方都能接收到GPS衛星的訊號，相關機構共發射了30個左右的GPS衛星，在地球周圍的6個軌道上運行。

　　將計算出來的手機位置資訊與手機內的地圖重合，便可用於各種用途。

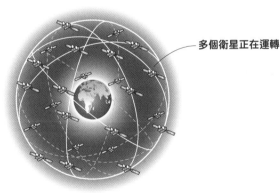

多個衛星正在運轉

▲ GPS衛星

3 消除雜音的降噪耳機

進化中的耳機

傳統耳機的基本結構是一個耳罩，內部裝設播放聲音的揚聲器。如果是這種結構的耳機，只要不是無線耳機，就不需裝設電池。

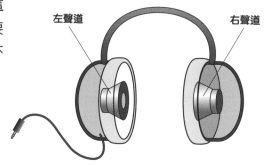

左聲道　　　　右聲道

▲ 傳統耳機結構

降噪耳機的運作機制

另一方面，近年來越來越多耳機搭載了**降噪**功能。降噪顧名思義，就是消除（cancelling）噪音（noise）。用這種耳機聽音樂時，可以消除周遭環境傳來的電車、汽車、工地噪音，讓人沉浸在喜歡的音樂中。

聲音訊號是一種會隨著時間改變波形的訊號。假設雜音的波形如下。

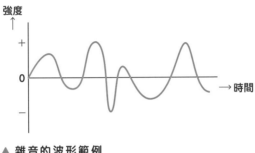

▲ 雜音的波形範例

試想以下波形的聲音，請試著比較這個聲音的波形與上方雜音的波形。

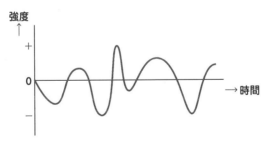

▲ 與雜音反相的波形

若對齊2個波的時間軸（橫軸），可以看到兩波的強度（縱軸方向的大小）相同，方向卻相反。這2個方向相反的波稱為**反相**。

將2個波重合

如果把這2個波重合的話，會發現什麼事呢？

▲ 將2個波重合

在橫軸的每個地方，兩波的強度皆相同，方向則相反，所以合成後會彼此抵銷歸零。

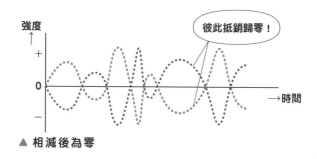

▲ 相減後為零

也就是說，出現雜音時，只要在瞬間釋放出強度相同的反相人造訊號，便可使2個訊號重合抵銷。這就是降噪的原理。

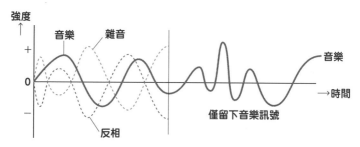

▲ 僅留下想聽的聲音

降噪功能的實現

我們可以用電子電路製造出強度相同的反相訊號。若要製作出搭載降噪功能的耳機，需在耳機內裝設複雜的電子電路，以及用於接收周圍雜音的麥克風。所以原本不需要電池的傳統耳機，在加上降噪功能時就必須裝設電池。如果是無線耳機的話，則本來就需要電池。

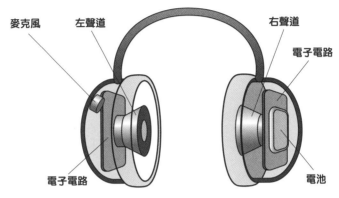

麥克風　左聲道　　　　　　　　　右聲道

電子電路

電子電路　　　　　　　　　　電池

▲ 降噪耳機的結構範例

另外，降噪耳機還有經過特殊設計，使警鈴聲、警報聲、人聲不會被完全消除，以確保使用者的安全。

人們過去就相當清楚降噪的原理，不過在科學家開發出能快速處理數位訊號的電子電路之後，才製作出實用的產品。這種技術也被用來製作消除汽車引擎聲，保持車內安靜的裝置。

4

掃地機器人上
裝滿了各種感測器！！

感應障礙物的感測器

能 自動清掃房間的家用**掃地機器人**是以微電腦為核心，由多種電子電路與多個感測器組合而成。

微電腦可由感測器獲得資訊，掌握地板落差與牆壁狀況，控制馬達移動掃地機器人，一邊迴避障礙物，一邊吸取垃圾。檢測障礙物時會用到以下的感測器。

- **紅外線感測器**：使用紅外線偵測機器與牆壁的距離，使其能在沿著牆壁前進時掃除牆角。
- **雷射感測器**：一邊旋轉，一般對周圍射出雷射光，掌握周圍

10m內、360°全方位的環境與障礙物。

- **超音波感測器**：偵測機器釋放後反射回來的超音波，以掌握透明障礙物等。

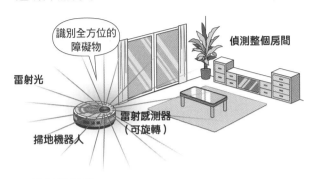

識別全方位的障礙物

偵測整個房間

雷射光

雷射感測器（可旋轉）

掃地機器人

▲ 雷射感測器

偵測地板垃圾的感測器

偵測地板是否有垃圾時，會使用以下的感測器。

- **高速紅外線感測器**：使用高性能的紅外線感測器，可偵測到肉眼不可見，約20μm的微小灰塵。

有些掃地機器人在設定好時間後，可在晚上自動清掃，且在電量降低時，會自行移動到充電區充電。此外，市面上有些產品還能用智慧型手機控制，或是能依照語音命令做出反應。

晚上時再幫我掃個地吧！

OK!

充電區

▲ 有些機種可用語音命令

透過電子電路調整時間的無線電時鐘

　　市面上有不少物美價廉的**無線電時鐘**，可透過接收無線電波自動校準時間。現在不只是時鐘，某些體積較小的手錶也可透過無線電波校準時間，無線電鐘錶現在已相當普及。這些無線電時鐘接收的無線電波稱為**標準電波**，含有名為**時間碼**的數位資訊。時間碼會以60秒為一個週期持續發送，包含了分、時、今天是從1月1日算起的第幾天、年、星期、閏秒等資訊。由於世界時間會隨著地球自轉而產生誤差，閏秒就是用來校準世界時間與世界協調時間兩者間的誤差。無線電時鐘內的**電子電路**可以解讀接收的時間碼，藉此調整時間。

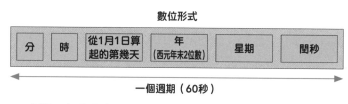

數位形式

| 分 | 時 | 從1月1日算起的第幾天 | 年（西元年末2位數） | 星期 | 閏秒 |

一個週期（60秒）

▲ 時間碼包含的主要資料

　　日本有2個地方會發送標準電波，分別是福島局（大鷹鳥谷山標準電波發送所，頻率40kHz，輸出50kW）與九州局（羽金山標準電波發送所，頻率60kHz、輸出50kW）。這2個發送所的標準電波最遠可達到約1000km的地方，可涵蓋日本全國。

※經管理世界協調時間的「國際度量衡大會」決議（2022年11月），於2035年之前不加入閏秒。

2

學習
電子電路時
需要的
電學基礎

5 交流電與直流電的性質與用途皆不同

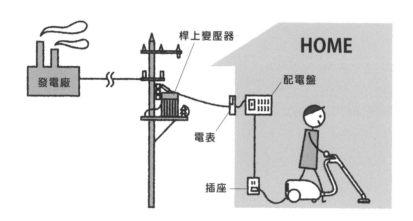

電壓的轉換

我們可以透過家中的插座取用電力。**發電廠**發出的電力為數十萬V（伏特）的高壓電。這個電力會經過輸電線送到使用者

發電廠	變電所 鐵路、大型工廠	變電所 大型工廠	變電所 中型工廠	變電所	桿上變壓器 小型工廠 200V
27萬5000V ～ 50萬V	15萬4000V	7萬7000V	2萬2000V ～ 3萬3000V	6600V	100V 家庭

▲ 從發電廠送至家庭的電力

家中。送電過程中會經過多個**變電所**，降低電壓。

　　日本大型工廠接收到的是2萬2000V以上的高壓電。不過日本一般家庭所接收到的電力，電壓為100V（註：台灣的電壓為110V，香港的電壓為220V）。街上隨處可見的**桿上變壓器**，就是將6600V的電力大幅降壓至200V或100V的裝置（註：台灣輸電線路會把電壓降成110V或220V再送到一般住家，香港輸電線路會把電壓降低至380V或220V才送達一般住家）。

▲ 桿上變壓器的例子

電力可依其性質，分成**交流電**與**直流電**。

- **交流電**：電壓強度與極性（正、負）會隨時間改變的電力。
- **直流電**：電壓強度與極性（正、負）固定的電力。

電力的性質 —— 交流電

發電廠送出的電力為**交流電**,家中插座可取得的電力也是交流電。交流電的電壓會隨著時間的經過而忽大忽小。電壓在正負**極性**之間切換的過程中,會有一瞬間為0V。我們一般所說的家用電力為110V,不過實際上會在0V~約±155V之間變化,極性也會持續切換。

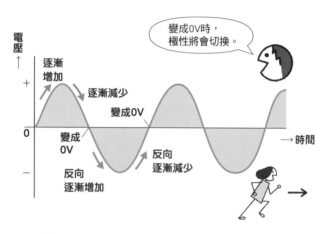

▲ 交流電的波形範例

電力的性質 —— 直流電

直流電與交流電不同,電壓並不會隨著時間改變,而是保持固定,極性也不會改變。乾電池、鈕扣電池、汽車電池等輸出的電力皆為直流電。

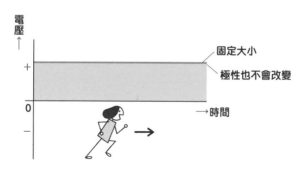

▲ 直流電的波形範例

舉例來說，下圖中的乾電池電壓皆為1.5V。電池凸出的一端為正極，平坦的一端為負極。

▲ 乾電池的外觀範例

將交流電轉換成直流電

許多電器如吸塵器、電風扇、電熨斗等，都是用交流電驅動。另一方面，也有許多電器如電視、電腦、智慧型手機等，只能用直流電驅動。因此，如果想透過家用插座的電力（交流電）為智慧型手機充電時，就必須使用能將交流電轉換成直流電的裝置。將交流電轉換成直流電的過程稱為**整流**。**AC整流變壓器**就同時具備整流功能，以及將電壓降至5V的變壓功能。

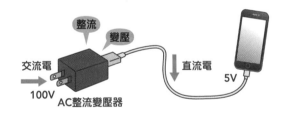

▲ AC整流變壓器的作用

我們一般會用英文的首字母，將交流電簡稱為**AC**（alternating current），直流電簡稱為**DC**（direct current）。

6 看波形就能知道交流電的頻率

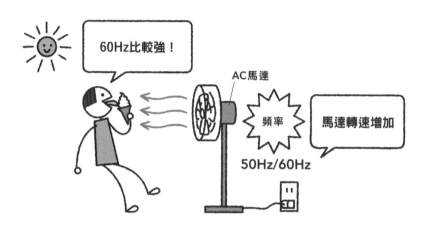

交流電的週期與頻率

前 一節中我們曾提到,交流電的電壓強度與極性(正、負)會隨著時間改變。家中插座的交流電會持續重複相同的基本波

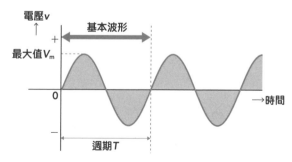

▲ 正弦波交流電

形，這種基本波形為三角函數的**正弦（sin）波形**，而這種交流電也叫做**正弦波交流電**。另外，基本波形來回一次的時間（橫軸）稱為**週期T[s]**（second，秒）。

週期T的倒數為**頻率f[Hz]**（赫茲）。頻率f指的是1秒內重複了多少次基本波形。在下例中，1秒內重複了4次基本波形，因此頻率為4Hz。

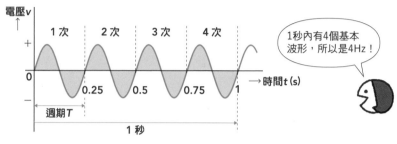

▲ 週期與頻率

頻率f可用下式表示。

$$f = \frac{1}{T} \ [\text{Hz}]$$

在上述正弦波交流電的例子中，週期T為0.25s，代入上式之後，便可計算出頻率f。

$$f = \frac{1}{T} = \frac{1}{0.25} = 4 \ [\text{Hz}]$$

而將頻率計算公式稍加變形，便可得到週期計算公式。

$$T = \frac{1}{f} \ [\text{s}]$$

週期與頻率彼此互為倒數。

- **週期**：一個波形的持續時間，符號為T，單位為[s]。
- **頻率**：週期T的波形在1秒內重複了幾次，符號為f，單位為[Hz]。

直流電的電壓強度與極性（正、負）固定，所以沒有頻率這個屬性。

交流電的電壓

正弦波交流電的電壓強度會隨著時間改變，而在某個時間點t的電壓v強度稱為**瞬時**電壓，可用以下式子計算出來。

$$v = V_m \sin \omega t \ [\text{V}]$$

上式中的Vm為電壓的**最大值**，**ω**（omega）為**角頻率**或**角速度**，可用以下式子表示。

$$\omega = 2\pi f \ [\text{rad}/\text{s}]$$

ω的單位[rad/s]讀做每秒弧度。

前面列出了不少式子，不習慣看數學式的人或許會覺得有些負擔。讓我們先把這些數學式放一邊，來看家中插座的交流電頻率。

不同地區的頻率

在日本，不同區域的插座，交流電的頻率也不一樣。有些地方是50Hz，有些地方是60Hz（註：台灣的供電頻率為60Hz，香港的供電頻率為50Hz）。

▲ 日本交流電的頻率

包括東京在內的東日本各區域為50Hz，包括大阪在內的西日本各區域為60Hz。兩者交界附近，則同時存在50Hz與60Hz的區域。在日本剛開始使用電力的明治時代，還沒有能力自行製作發電機，必須依賴從外國進口發電機。此時，東日本進口的是德國製發電機，西日本則是進口美國製的發電機。這2個國家的發電機發出來的交流電頻率不同。後來日本曾想統一交流電的頻率，但若改變交流電的頻率，會讓使用不同頻率的電器再也無法使用，所以一直沒能統一頻率。

▲ 50Hz與60Hz

2

學習電子電路時需要的電學基礎

〈電器與頻率的關係（例）〉

①頻率改變後也能正常使用的電器。
　　熱水壺、烤麵包機、電視、電腦等
②頻率改變後便無法使用的電器。
　　洗衣機、烘衣機、微波爐、計時器等
③頻率改變後，性能也跟著改變的電器。
　　電風扇、吹風機、吸塵器、果汁機等

　　不過這些電器也不一定屬於上述分類。舉例來說，許多電器的電源是來自插座，不過電器內部有可將交流電轉換成直流電的**逆變器**，所以不管交流電的頻率是多少，電器都能夠正常運作。無論如何，在日本如果要搬家到交流電頻率不同的地區，最好要先確認電器的規格能否通用。

因為自由電子的移動而產生的電流與電壓

就像在擠蒟蒻絲一樣……

電壓2V

電壓10V

少量電流

扭動
扭動

大量電流

唰啦
唰啦

電子的移動與電流的關係

電燈泡接上電池之後，導線內的**自由電子**會從電池的負極經過電燈泡，然後移動到正極。自由電子指的是構成物質的**原子**中，較容易移動的**電子**。這些自由電子的流動可以點亮電燈泡。此時根據一般定義，**電流**流向與自由電子的流向相反。

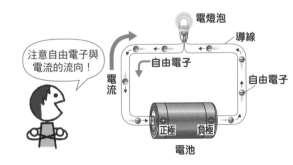

注意自由電子與電流的流向！

電燈泡

導線

自由電子

自由電子

電流

正極　負極

電池

▲ 自由電子與電流的流向

- **自由電子**：從電池的負極流向正極。
- **電流**：從電池的正極流向負極。

在人類決定電流的流向之後，才發現作為自然現象的自由電子流向與電流流向相反。確實，若定義電流流向與自由電子流向相同會比較方便，但為了避免造成混亂，最後仍然沒有改變電流流向的定義。

推動電流的電壓

電壓是推動電流的力量。電壓推動電流，就像是水壓推動水的流動。如下圖所示，往水塔內注水就會產生壓力，推動水的流動。此時的水壓就相當於電壓，水流就相當於電流。

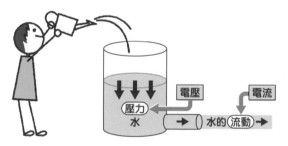

▲ 水的壓力與流動

電流與電壓的符號

電流的符號為I或i，單位為**A（安培）**。電壓的符號為V或v，單位為**V（伏特）**。電壓的符號與單位皆使用同一個字母V，不過在表示電壓符號時唸作「v」，表示電壓單位時唸作「volt」。交流電的極性會隨著時間改變，所以電流方向也會一直改變。

8 電流、電壓、電阻與歐姆定律

電阻的用途

電阻器是阻礙電流流動的元件之一，或者簡稱為**電阻**。電阻的符號為R，強度單位為Ω（ohm）。電阻的主要用途如下方所示。

- **阻礙電流流動**　電阻值越大，阻礙的效果越強。
- **消耗電壓**　電阻值越大，消耗的電壓越多。
- **產生熱**　電流通過電阻時會產生**焦耳熱**（可應用於吹風機、電暖器等）。

讓我們來確認一下前面提到過的電流、電壓、電阻的符號與單位吧。

▼ 電流、電壓、電阻

項目	符號	單位
電流	I、i	A（安培）
電壓	V、v E、e	V（伏特）
電阻	R	Ω（歐姆）

電阻與電流、電壓的關係

這裡讓我們透過一個連接了電池與電阻的電路，來看看電阻是如何阻礙電流。假設電阻R的大小保持不變，提升電池的電壓V，並測量通過的電流I大小。

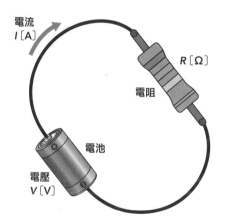

電流
I〔A〕

R〔Ω〕

電阻

電池

電壓
V〔V〕

▲ 連接了電池與電阻的電路

舉例來說，假設電阻R固定為2Ω，讓電壓V由0V→4V。此時，電流I的大小也會隨著電壓的增加而增加。也就是說，**電流與電壓成正比**。

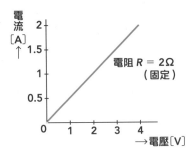

▲ 電壓增加時，電流也會增加

接下來，假設電壓V的強度固定為4V，讓電阻R由1Ω→5Ω。此時電流I的大小會隨著電阻的增加而減少。也就是說，**電流與電阻成反比**。

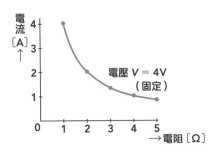

▲ 電阻增加時，電流會減少

歐姆定律

綜上所述，我們可以知道**電流與電壓成正比，電流與電阻成反比**。這種現象可以用**歐姆定律**來描述。歐姆定律可以比喻成「將大石頭沿著斜坡往上滾動」。滾動的大石頭相當於電流，人推動大石頭的力量相當於電壓，斜坡的角度則相當於電阻。

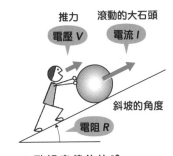

▲ 歐姆定律的比喻

在角度固定的斜坡（電阻）上，如果推力（電壓）越大，大石頭的滾動速度（電流）就越大。相對的，如果推力（電壓）保持固定，斜坡的角度（電阻）越大，那麼大石頭的滾動速度（電流）就會越小。

歐姆定律說明了電流I、電壓V與電阻R之間的關係。我們可以運用這些符號，將歐姆定律寫成以下關係式。

- **歐姆定律** $I = \dfrac{V}{R}$

這個關係式寫成了「I＝」的形式，不過它也可以變形成為「V＝」、「R＝」的形式，用於計算其他數值。也就是說，只要知道電流I、電壓V、電阻R中的任2個數值，就可以用歐姆定律計算出剩下的那個數值。將符號I、V、R排列如下圖，只要用手指遮住想要求算的符號，就可以知道要怎麼計算了。圓內的橫線表示÷，直線表示×等運算符號。

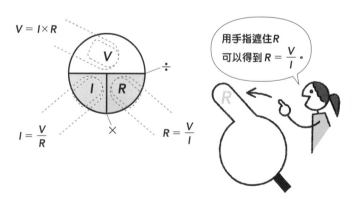

▲ 歐姆定律的記憶方式

歐姆定律是由德國物理學家歐姆（G. S. Ohm：1789～1854）所發現，為電學領域中極為重要的定律。

9 即使是複雜電路也適用的克希荷夫定律

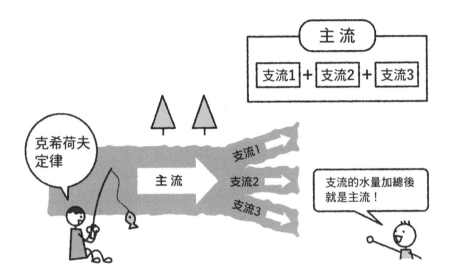

2個重要的電學定律

在 電學領域中，有個與歐姆定律同樣重要的定律，叫做**克希荷夫定律**。克希荷夫定律包含了**第一定律**與**第二定律**，定義如下。第一次看到的人可能會覺得有些複雜，但請放心，本書會盡可能簡單說明克希荷夫定律的意義。

- **第一定律**　電路中流入任何節點的電流總和，等於流出該節點的電流總和。
- **第二定律**　沿著固定方向繞行電路中的任意封閉迴路時，該封閉迴路的電動勢總和，等於電阻產生的壓降總和。

克希荷夫第一定律

　　第一定律是與**電流**有關的定律。以電池與2個電阻R_1、R_2並聯相接的電路來試想，電流I從電池出發後，分成了I_1、I_2，分別通過電阻R_1、R_2。此時，原本的電流I會等於$I_1 + I_2$。這就是第一定律的意義。

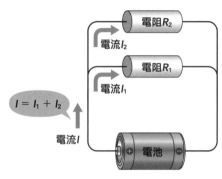

▲ 試想電路中的電流

克希荷夫第二定律

　　第二定律是與**電壓**有關的定律。以電池與2個電阻R_1、R_2串聯相接的電路來試想，該電池的電壓V[V]會等於電阻R_1、R_2各自消耗的電壓V_1、V_2的加總。此時，原本的電壓V會等於$V_1 + V_2$。這就是第二定律的意義。

　　克希荷夫定律是由德國著名物理學家克希荷夫（G. R. Kirchhoff：1824～1887）所發現。

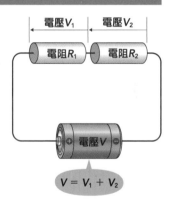

▲ 試想電路中的電壓

10 由功率與電能可以知道電流作了多少功！

電流的作功

電流的各種作用有許多應用。例如電流通過LED燈泡後，可讓燈泡發光，電流還能轉動馬達、使吹風機吹出熱風等。電流作功的效率稱為**功率**，有時也會用**電能**來表示。

- **功率**：電流在單位時間內作的功。

    功率P ＝ 電流I × 電壓V

- **電能**：電流在一段時間內作的功。

    電能 ＝ 功率P × 時間t

功率 W

功率的符號為P，單位為 **W（watt，瓦）**，等於電流與電壓的乘積。運用歐姆定律代換掉電流或電壓，可將功率的計算式改寫成其他形式。

$$P = I \cdot V = \left(\frac{V}{R}\right) \cdot V = \frac{V^2}{R} \qquad \overset{\displaystyle I = \frac{V}{R}}{} \text{ 歐姆定律}$$

$$P = I \cdot V = I \cdot (I \cdot R) = I^2 \cdot R \qquad \overset{\displaystyle V = I \cdot R}{} \text{ 歐姆定律}$$

電能 W・h

電能的符號為E，單位則是 **W・h（瓦特小時，簡稱瓦時）**，為功率與時間的乘積。換句話說，電能就是電流在一定時間內的作功量。計算電能時使用的時間單位不同，計算出來的電能單位也不一樣。

▼ 電能單位

時間單位	電能	
	單位	唸法
s（秒）	W・s	瓦秒
	J	焦耳
h（時）	W・h	瓦時
	kW・h	千瓦小時

　　W・s可以用於計算電器每秒消耗的電能，W・h則可用於計算電器每小時消耗的電能。另外，kW為W的1000倍（1000W ＝ 1kW）。一般會用電表記錄家庭用電量，以決定應繳的電費。此時通常會使用kW・h為單位。

　　另外，也會使用J（焦耳）作為電能單位（1J ＝ 1W・s）。

11 將單位與前綴詞整理成表

全球通用的單位

在前面的章節當中，我們提到了許多**單位**，例如電流的**A**（安培）、電壓的**V**（伏特）、電阻的**Ω**（歐姆）。上述這些單位來自1960年國際度量衡大會訂定的**國際單位制（SI）**，此為全世界通用的單位。SI是國際單位制的法文簡稱，英文全稱則是International System of Units。國際單位制定義了全球通用的單位。我們日常生活中使用的長度單位**m**（公尺）、質量單位**kg**（公斤）、時間單位**s**（秒）等，都是國際單位制定義的單位。國際單位制定義的單位可分為基本單位與導出單位，不過這裡我們不會這樣分類，而是一起介紹。

國際單位制定義的單位中,電學常用到的單位如下表所示。

▼ 電學領域中常用到的單位

對象	符號	唸法	對象	符號	唸法
電流	A	安培	電容	F	法拉
電壓	V	伏特	電感	H	亨利
電阻	Ω	歐姆	平面角	rad	弧度
頻率	Hz	赫茲	電荷	C	庫倫
功率	W	瓦	電導	S	西門子
能量(電能)	J	焦耳	光度	cd	燭光

由長度單位學習前綴詞

請試著回想看看長度單位**m**(公尺)的使用情況。若要表示較短的長度時,會用**mm**(毫米)或**cm**(公分)。要表示較長的長度時,則會用**km**(公里)。而**m**(milli-,毫,千分之一)、**c**(centi-,百分之一)、**k**(kilo-,千)等,稱為**前綴詞**。我們可以用前綴詞加上原本的單位,來表示比較小或比較大的量。

舉例來說,1000m為1×10^3m,可使用前綴詞k寫成1km。另外,0.01m為1×10^{-2}m,可使用前綴詞c寫成1cm。

▼ 前綴詞的例子

前綴詞	p	n	μ	m	c	k	M	G	T
念法	pico-	nano-	micro-	milli-	centi-	kilo-	Mega-	Giga-	Tera-
乘冪	10^{-12}	10^{-9}	10^{-6}	10^{-3}	10^{-2}	10^3	10^6	10^9	10^{12}

12 由電池的連接
學習串聯、並聯

＼串聯可以提高電壓！／　＼並聯會很危險！／

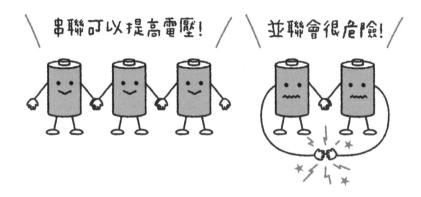

直流電源的電路符號

試想電力電路與電子電路中的電池連接方式。假設乾電池中的1號電池電壓$V = 1.5V$，輸出直流電。在直流電源的電路符號中，較長線段表示正極，較短線段表示負極。

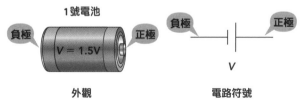

1號電池

負極　$V = 1.5V$　正極

外觀

負極　正極

V

電路符號

▲ 乾電池的例子

試想多個乾電池的連接。連接方式基本上可以分成**串聯**與**並聯**2種。

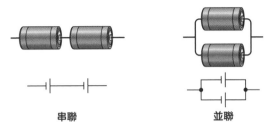

串聯　　　　　　並聯

▲ **2個乾電池的連接**

串聯

先來看看**串聯**。若將2個電壓各為1.5V的乾電池串聯起來，得到的電壓為1.5V × 2個 = 3.0V。如果串聯3個電池，得到的電壓則是1.5V × 3個 = 4.5V。

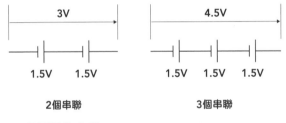

2個串聯　　　　　**3個串聯**

▲ **乾電池的串聯**

綜合以上所述，當串聯n個電壓V[V]的乾電池時，合計電壓為V × n[V]。也就是說，有多少個電池，電壓就會變成多少倍。舉例來說，假設有個電燈的亮度與施加的電壓成正比，那麼與1個電池的情況相比，2個乾電池串聯時，電燈會比較亮。

另一方面，乾電池的續航力又是如何呢？串聯2個乾電池時，電燈發光的持續時間會比只有1個電池的時候還要長嗎？答案是否定的。多個乾電池串聯時，電燈會變得比較亮，但電燈發光的持續時間與只有1個乾電池時相同。也就是說，乾電池串聯時，續航力

不會變得比較持久。

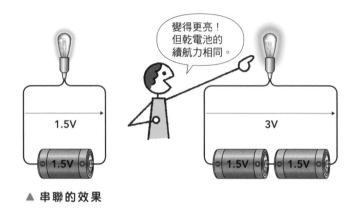

變得更亮！
但乾電池的
續航力相同。

1.5V

3V

▲ 串聯的效果

並聯

接著要說明的是**並聯**。就乾電池而言，**並聯並不是恰當的連接方式**，不過這裡先讓我們來看看並聯是怎麼回事。將2個電壓各為1.5V的乾電池並聯，或者是3個電池並聯，得到的電壓都是1.5V。

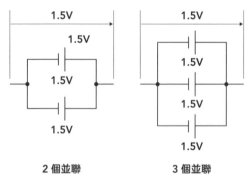

2 個並聯　　　　3 個並聯

▲ 乾電池的並聯

綜合以上所述，將多個電壓V[V]的乾電池並聯時，得到的電壓與1個乾電池的情況相同。在剛才所舉的電燈例子中，電燈的亮度與電壓成正比，所以即使多個乾電池並聯，電燈的亮度也和只有1個乾電池時的亮度相同。乾電池的續航力又是如何呢？與串聯時

不同，2個電池並聯時，電燈發光的持續時間是只有1個電池時的2倍。也就是說，電池並聯時，合計電壓不會變得比較大，但乾電池的續航力會變得比較持久。

乾電池並聯的危險性

但實務上，我們應該要**避免乾電池並聯**。試想2個乾電池並聯的情況。

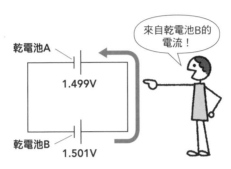

▲ 2個乾電池的並聯

即使是同一個廠牌的產品，2個乾電池的實際性能也不會完全相同。舉例來說，即使乾電池標示的電壓都是1.5V，實際產品的性能還是會有一些誤差。假設乾電池A的電壓是1.499V，乾電池B的電壓是1.501V，那麼電流會從電壓較大的乾電池B流向乾電池A。對乾電池A而言，這股電流是逆向電流，可能會使乾電池A陷入發熱的危險狀態。

• **乾電池的串聯**：電壓增加，乾電池的續航力不變。
• **乾電池的並聯**：不能這樣連接。

13 基本電路符號

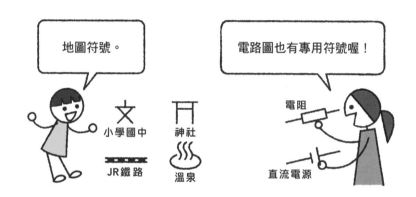

JIS規定的電路符號

JIS（日本產業規格）規定了電路圖中該用什麼樣的**電路符號**來表示零件與配線等。有時候我們使用的電路符號與JIS規定的符號不同，例如第3章介紹的運算放大器。不過，通常還是會以JIS的電路符號為主。

接地與框架接地

接地有時也叫做**earth**或**ground**，表示將電流或電荷連接到大地等導體，使其流出。**框架接地**通常也叫做接地，適用情況也與接地相仿。若電路圖中有多個框架接地的電路符號，可將這些位置視為彼此連接。我們會在p.43中說明這點。

直流電源	交流電源	電阻	電容	線圈	直流電流計	交流電流計	開關
⊣⊢	◯∿	⊏▭⊐	⊣⊢	⌒⌒⌒	Ⓐ	Ⓐ	／

接地	框架接地	訊號連接	直流電壓計	交流電壓計	端子	相連導線	未相連導線
⏚	⫟	▽	Ⓥ	Ⓥ	○—	—•—	—╀—

相連導線與未相連導線

　　配線圖上有時會出現**黑點符號**，表示2條導線有接通；如果沒有黑點符號，則表示2條導線沒有接通。也就是說，黑點符號的有無在電路上有著相當大的差異，這點請特別注意。

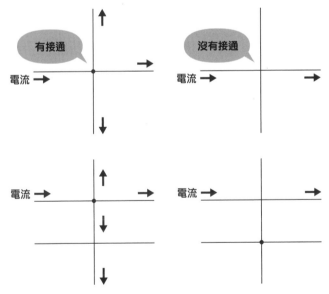

▲ 導線連接概念圖

　　本節未提到的電路符號，之後若有必要會再進行說明。

14 將複雜的配線圖化為簡單易懂的電路圖

看電路圖就知道
各元件如何連接了！

盡快熟悉
電路圖吧！

印刷電路板

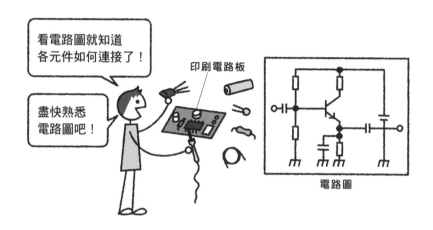

電路圖

實體配線圖與電路圖

電力電路或電子電路的配線，可依照實際的零件與連接關係繪製成**實體配線圖**。不過，繪製實體配線圖相當耗費心力，如果配線複雜的話，畫出來的圖也很難看懂。因此，我們一般會用**電路符號**畫成**電路圖**。熟悉之後，比起實體配線圖，看電路圖還比較容易掌握電路中各元件的連接關係。

乾電池與LED的例子

試想使用乾電池點亮發光二極體（LED）的電路。在這個電路中，除了乾電池與LED之外，還有一個能切換電流為ON/OFF的開關，以及一個能調整LED電流大小的電阻。電路的實體配線圖與

電路圖如下所示，請試著比較兩者的差異。

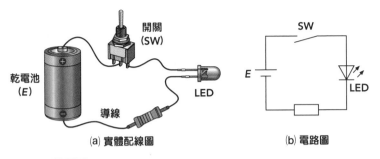

(a) 實體配線圖　　　　　(b) 電路圖

▲ LED燈電路

　　電路圖中常可看到框架接地（ground）與接地（earth）等符號。若圖中有多個框架接地的符號，那麼這些符號的位置可視為彼此連接。

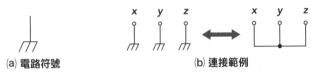

(a) 電路符號　　　　　　(b) 連接範例

▲ 框架接地（ground）、接地（earth）的意義

　　以框架接地的電路符號表示LED燈電路，可得下圖。

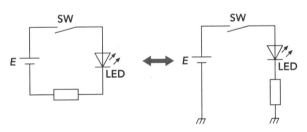

▲ 框架接地電路符號的使用範例

　　直流電的電壓強度與極性固定，**交流電**的電壓強度則會隨時間改變。直流電電壓的描述十分簡單，例如1.5V之類。那麼交流電又是如何呢？如前所述，交流電的電壓強度會隨時間改變，所以若要描述交流電的電壓就必須指定某個時間，才會得到一個確定的電壓數值。這種電壓數值稱為**瞬間值**。瞬間值雖然是一個正確數值，一般卻很少會用瞬間值來描述電壓。描述交流電電壓時，使用**有效值**較簡單易懂。交流電的電壓有效值，指的是作功效率相當於該交流電之直流電的電壓。正弦波交流電的有效值E，為最大值V_m除以$\sqrt{2}$的結果。

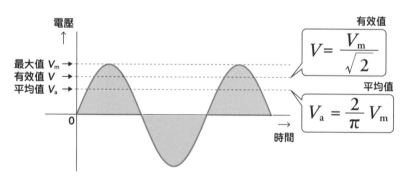

$$V = \frac{V_m}{\sqrt{2}}$$ 有效值

$$V_a = \frac{2}{\pi} V_m$$ 平均值

▲ **正弦波交流電的有效值**

　　日本一般家用插座的交流電壓大多為100V（註：台灣的電壓為110V，香港的電壓為220V），這就是有效值。因此，電壓的最大值為$\sqrt{2} \times 100 ≒ 141.4V$。另外，最大值$V_m$乘上$\pi/2$後，可以得到**平均值**$V_a$。平均值為波形的半個週期的平均數值。

3

電子電路內的元件

想更瞭解電阻！

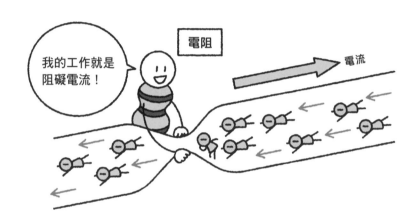

電阻的種類

電阻（resistor）是阻礙電流通過的元件，符號為**R**，單位為**Ω**（歐姆）。電阻可分為以下種類，無論哪種電阻都沒有分正負極。

- **固定電阻**：電阻值固定的電阻。
- **半固定電阻**：電阻值可改變的電阻（通常需使用螺絲起子等工具）。
- **可變電阻**：可改變電阻值的電阻（通常不需要工具便可改變電阻值）。

各種電阻分別有什麼功能

　　半固定電阻常用於「調整電子電路時才需改變電阻值」、通常不需要頻繁改變電阻的地方。可變電阻的電阻值可輕易調整，因此會用在調節音量等需要頻繁改變電阻值的地方。可變電阻的符號為 **VR**（variable resistor）。

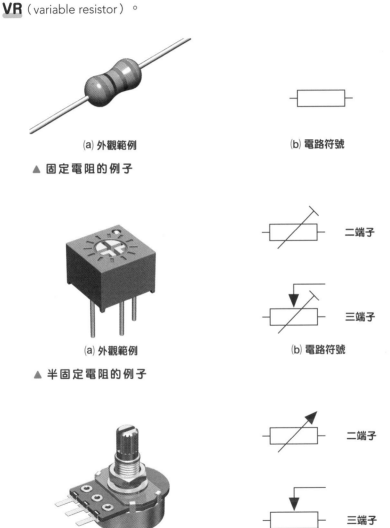

(a) 外觀範例　　　　　　　(b) 電路符號

▲ 固定電阻的例子

二端子

三端子

(a) 外觀範例　　　　　　　(b) 電路符號

▲ 半固定電阻的例子

二端子

三端子

(a) 外觀範例　　　　　　　(b) 電路符號

▲ 可變電阻的例子

色碼與數字表示

電阻值可以用**色碼**表示或**數字表示**。

1.**色碼**

▼ 顏色與數值的對應

顏色	數字	10的乘冪	容許誤差[%]
黑	0	1	
褐	1	10	±1
紅	2	10^2	±2
橙	3	10^3	±0.05
黃	4	10^4	±0.02
綠	5	10^5	±0.5
藍	6	10^6	±0.25
紫	7	10^7	±0.1
灰	8	10^8	±0.01
白	9	10^9	
粉紅		10^{-3}	
銀		10^{-2}	±10
金		10^{-1}	±5
無色			±20

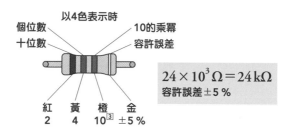

$$24 \times 10^3 \, \Omega = 24\,k\Omega$$
容許誤差±5 %

▲ 讀取色碼的範例

2.數字表示

▼ 以數字表示的容許誤差[%]

符號	F	G	J	K	M	N	S	Z
容許誤差 [%]	±1	±2	±5	±10	±20	±30	−20～ +50	−20～ +80

▲ 以數字表示時的讀取範例

電阻值的誤差

　　電阻值必定有**誤差**，所以設定過於精準的數值並沒有太大的意義。於是，業界推出了數值有適當間隔的**E24系列**規格。在這個規格中，不會有標示為25kΩ的電阻，需要的時候會選擇數值相近的24kΩ。

▼ E24系列

10	11	12	13	15	16	18	20	22	24	27	30
33	36	39	43	47	51	56	62	68	75	82	91

　　除此之外，還需要考慮施加在該電阻的功率[W]，選擇適當的零件。

16 能貯存、釋放電力的電容

電容的用途

電容（condenser）的符號為 **C**，單位為 **F**（法拉）。電容主要有以下用途。

- **充電**：累積電荷。
- **放電**：釋放累積的電荷。
- **等效電阻**：在直流電源下，等效電阻越大，電流越難通過。而在交流電源下，頻率越高，等效電阻越小，電流就越容易通過。

電容的分類

電容依照是否可變，可分成以下3類。

- **固定電容**：電容值為固定值。
- **半固定電容**：電容值可改變的電容（通常需使用螺絲起子等工具）。
- **可變電容**：可改變電容值的電容（通常不需要工具便可改變電容值）。

　　半固定電容常用於「調整電子電路時才需改變電容值」、通常不需要頻繁改變電容的地方。可變電容的電容值可輕易調整，因此會用在調節頻率等需要頻繁改變電容值的地方。可變電容的符號為 **VC**（variable condenser）。

薄膜電容

(a) 外觀範例

(b) 電路符號

▲ 固定電容的例子

(a) 外觀範例

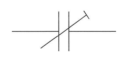

(b) 電路符號

▲ 半固定電容的例子

(a) 外觀範例

(b) 電路符號

▲ 可變電容的例子

電容可再細分

電容有許多種類，包括無正負極的電容（無極性）與有正負極的電容（有極性）。舉例來說，陶瓷電容沒有極性，電解電容則有極性。若電路符號中有標出＋，就表示這是有極性的電容。

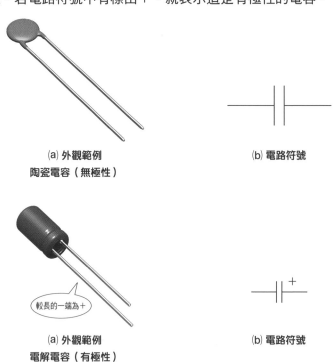

(a) 外觀範例
陶瓷電容（無極性）

(b) 電路符號

較長的一端為＋

(a) 外觀範例
電解電容（有極性）

(b) 電路符號

▲ 電容的例子

電容的符號與誤差

　　電容值有時會直接標示在電容元件上，例如10μF之類，有時則會使用**標示符號**表示電容值。選用電容時，需選擇**額定電壓**大於實際施加電壓者。

▼ 表示額定電壓的符號

符號	A	B	C	D	E	F	G	H	J	K
數值	1.0	1.25	1.6	2.0	2.5	3.15	4.0	5.0	6.3	8.0

▼ 表示容許誤差[%]的符號

符號	F	G	J	K	M	N	S	Z
容許誤差	±1	±2	±5	±10	±20	±30	−20〜 +50	−20〜 +80

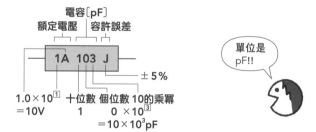

▲ 讀取標示符號的範例

　　與電阻值一樣，電容值也一定會有**誤差**，所以一般會使用**E24系列**（**參照** ⑮ ▼E24系列）規格的數值。

17 使電力、磁力 能互相轉換的線圈

線圈的用途

線圈（coil）的符號為 **L**，單位為 **H**（亨利）。線圈的英文明明為 coil，符號卻不是它的首字母 C，原因有幾個。其中一個原因是電容符號也是 C，為了避免搞混，所以採用 coil 的末字母 L。

有關線圈的電路特性，有時也稱為**電感**。電感主要有以下幾種用途。

- **產生磁力**：受電力作用時會產生磁力。
- **產生電力**：受磁力作用時會產生電力。
- **等效電阻**：直流電容易通過電感，但在交流電源下，等效電

阻很大，電流難以通過。在交流電源下，頻率越高，等效電阻越大，電流越難通過。

- **改變阻抗**：在交流電源下，可作為阻抗改變等效電阻大小。
- **變壓**：可改變交流電電壓。

線圈的結構

線圈是由導線捲成一圈圈的結構，也叫做電感。為了提升電感強度，有時會將導線纏繞在**磁芯**，製作成**含磁芯電感**。

微電感　　　　　電感

(a) 外觀範例　　　　　　　　　　　(b) 電路符號

▲ 空心線圈的例子

(a) 外觀範例　　　　　　　(b) 電路符號

▲ 含磁芯電感的例子

電感的變化

依照能否改變電感大小，可將線圈分成以下幾類。

- **固定線圈**：電感為固定數值。
- **半固定線圈**：電感值可改變的電感（通常需使用螺絲起子等工具），也叫做**半固定電感**。
- **可變線圈**：可改變電感值的電感（通常不需要工具便可改變

電感值）。

改變電感值時，需改變線圈數，或是改變線圈內的磁芯位置、材料。實務上比較常見的做法是改變磁芯的位置。以半固定線圈與可變線圈來說，一般會透過調整磁芯的位置來改變電感大小。

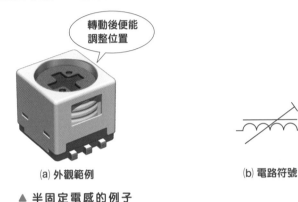

轉動後便能調整位置

(a) 外觀範例　　　　　　　　　　　(b) 電路符號

▲ 半固定電感的例子

磁力的極性

線圈的種類繁多，本身沒有正負極性。不過在某些電路中，必須注意導線捲的方向才行。因為捲的方向不同時，產生的磁力極性（N、S）也不一樣。

有些線圈會從中間抽出一條配線，這條配線稱為**線圈抽頭**。

▲ 有線圈抽頭的線圈符號

電感值

電感值有時會直接標示在電感元件上，例如10μH之類。有時則會像電阻一樣，使用**色碼**（ **參照** ⑮ ▲ 讀取色碼的範例）或**數字表示**（ **參照** ⑮ ▲ 以數字表示時的讀取範例）來表示電感大小。以色碼或數字表示時，一般會使用**μH**為單位。

由多個線圈組合成的變壓器

變壓器是由多個線圈組合而成的零件。變壓器可運用電磁感應（因磁力變化，使線圈產生電流的現象）原理，改變一次側與二次側的交流電電壓。除了變壓器之外，可改變阻抗的**阻抗轉換器**也是由多個線圈組合而成的零件。

(a) 外觀範例

(b) 電路符號

含有磁芯

（一次側）　　　（二次側）

▲ 變壓器的例子

18 電池原來有那麼多種！

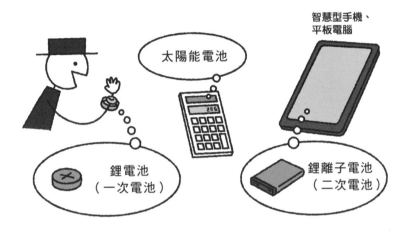

智慧型手機、
平板電腦

太陽能電池

鋰電池
（一次電池）

鋰離子電池
（二次電池）

不可充電的電池與充電電池

電 池是供應直流電，驅動電子電路內的元件運作的零件。電池可分為**一次電池**（原電池）與**二次電池**（充電電池）。

(a) 一次電池（鋰電池）

(b) 二次電池（鋰離子電池）

▲ 電池外觀的例子

- **一次電池**：電力耗盡後便無法再度利用的電池。
- **二次電池**：即使電力耗盡也能透過充電再度利用的電池。

▼ 主要的電池範例

分類	名稱	電壓[V]	特徵等
一次電池	碳鋅電池	1.5	便宜
	鹼性電池	1.5	壽命為碳鋅電池的2倍以上
	鋰電池	3.0	可長期使用
二次電池	鉛蓄電池	2.0/每單元	可在大電流下使用
	鎳氫電池	1.2	壽命長
	鋰離子電池	3.7	質輕、高輸出

環境友善電池

除了上述介紹的電池之外，還有**太陽能電池**、**燃料電池**等對環境友善的電池。

- **太陽能電池**：使用半導體（**參照** ⑲），將光能轉換成電能的電池。
- **燃料電池**：使氫氣與氧氣產生化學反應，得到電能的電池。

電池是貯存電能的零件，所以操作時有一些應注意的事項。

〈使用電池的注意事項〉

- 不要使正極與負極短路。
- 不要分解電池。
- 長時間使用時需注意漏液問題。
- 丟棄時需注意政府規定。

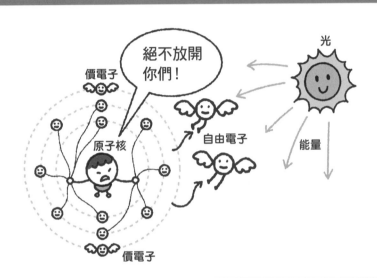

19 電阻不大也不小的半導體

物質與電流的關係

我們可依照電流流通的難易度，將物質分成以下幾類。

- **導體**：電阻小、電流容易通過的物質。
- **絕緣體**：電阻大、電流幾乎不會通過的物質。
- **半導體**：電阻介於導體與絕緣體之間，可讓少量電流通過的物質。

▲ 物質的電阻

由物質的結構理解電流現象

所有物質皆由**原子**構成。電流通過物質的難易度，取決於構成該物質的原子性質。原子由**原子核**與原子核周圍的**電子**構成。

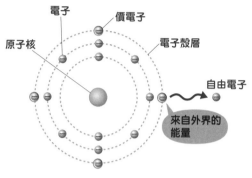

▲ 原子結構範例

電子位於原子內數個名為**電子殼層**的軌道上。其中，位於最外層軌道上的電子稱為**價電子**。軌道和原子核越近的電子，與原子核的連結越強，越難脫離軌道。而價電子離原子核很遠，若價電子從外界獲得光或熱能，便容易脫離軌道，移動到其他地方。這些容易脫離的電子稱為**自由電子**。

電子的移動會形成名為電流的流動。也就是說，物質內的自由電子越多，電流就越容易通過。不過，電流的流向與電子的移動方向相反（**參照** ⑦ ）。

電晶體或FET（場效電晶體）等**主動元件**，是電子電路內的主角。這些主動元件一般用於**半導體**製程。

20

半導體可分為本質半導體與雜質半導體2種

閃亮

閃亮

閃亮

閃亮

閃亮

> 我的純度有 99.999 999 999 9 % 喔！

本質半導體

> 我們雖然純度不高，卻是電子電路的主角！

P型半導體

n型半導體

雜質半導體

由共價鍵連接而成的半導體

試 想由半導體矽（Si）原子構成的**單晶**。矽原子有4個**價電子**（最外側電子殼層的電子），這些價電子可與相鄰原子的價

原子核

> 共價鍵！

> 價電子配對形成鍵結。

> 價電子以外的電子一律省略不畫。

Si　Si

Si　Si

▲ 矽原子的共價鍵

電子配對，進入穩定狀態。這種連接方式稱為**共價鍵**。

半導體可分為以下2種。

- **本質半導體**：單晶，純度高的半導體。
- **雜質半導體**：於本質半導體混入雜質後製成的半導體。

高純度的本質半導體

本質半導體為矽（Si）或鍺（Ge）等半導體物質在盡可能去除雜質後，提煉出來的高純度物質。舉例來說，矽的本質半導體純度可達99.999 999 999 9%（12個9，故也稱為twelve nine）。若從外部對本質半導體施加能量，便會產生以下變化。

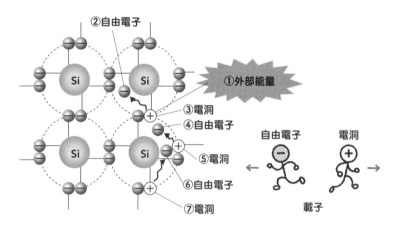

▲ 本質半導體的自由電子與電洞

①從外部施加能量。

②部分價電子脫離軌道，成為自由電子。

③價電子脫離後，原本的位置帶有正電荷，成為名為**電洞（正孔）**的區域。

④附近的價電子受到電洞的電荷吸引，轉變成自由電子。

⑤④的價電子脫離後，原本的位置變成了電洞。

⑥⑤的附近又有其他價電子受到電洞吸引，轉變成自由電子。

⑦⑥的價電子脫離後，原本的位置變成了電洞。

就這樣，⑥與⑦反覆循環，使自由電子與電洞持續移動，便會產生電流。本質半導體內的自由電子與電洞皆可成為乘載電流的載體，故稱為**載子**。

p 型 半 導 體

雜質半導體是矽（Si）等本質半導體混入硼（B）等雜質後得到的物質。硼僅有3個價電子，以共價鍵與矽結合時，少了1個價電子。因此即使不從外部施加能量，也會形成許多電洞散布各處。這些電洞會成為主要乘載電流的**多數載子**。此外，這種雜質半導體也會存在少數自由電子，亦可乘載電流，屬於**少數載子**。多數載子為電洞的雜質半導體，稱為**p型半導體**。

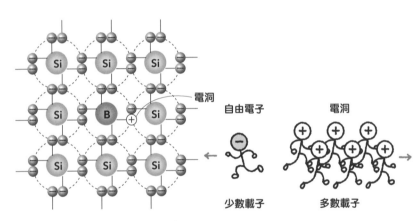

▲ 雜質半導體（p型半導體）

n 型 半 導 體

若本質半導體混入的雜質不是硼（B）而是砷（As）的話，那會怎麼樣呢？砷有5個價電子，以共價鍵與矽結合時會多出1個價電子。因此即使不從外部施加能量，也會形成許多自由電子散布各處。這些自由電子會成為主要乘載電流的**多數載子**。另外，半導體

內也會存在少數電洞，屬於**少數載子**。多數載子為自由電子的雜質半導體，稱為**n型半導體**。

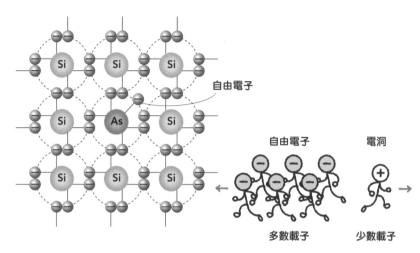

▲ 雜質半導體（n型半導體）

雜質的名稱

混入的雜質有以下2種。

- **受體**：製作p型半導體時混入，有3個價電子的原子。包括硼（B）、鎵（Ga）、銦（In）等。
- **施體**：製作n型半導體時混入，有5個價電子的原子。包括砷（As）、磷（P）、銻（Sb）等。

半導體零件

空乏層　整流作用　齊納電壓

21 由2個半導體 組合而成的二極體

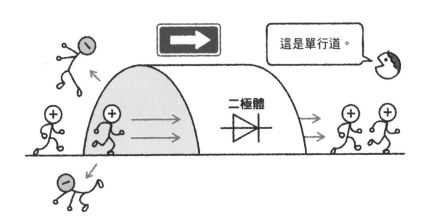

將2種雜質半導體連接起來

p型半導體與**n型半導體**這2種雜質半導體可連接在一起，形成 **pn接面**，也稱為（pn接面）**二極體**。其中，二極體的p型半

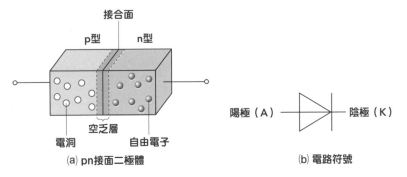

(a) pn接面二極體

(b) 電路符號

▲ 二極體

導體側的電極為**陽極**（A），n型半導體側的電極為**陰極**（K）。

順向偏壓與順向電流

p型半導體的多數載子為**電洞**，n型半導體的多數載子為**自由電子**。在pn接合面附近，帶有正電荷的電洞會與帶有負電荷的自由電子結合，互相消滅，使中間形成電洞與自由電子皆不存在的區域，叫做**空乏層**。

試著對二極體的陽極施加正電壓，對陰極施加負電壓。這種連接方式會為二極體施加**順向偏壓**。

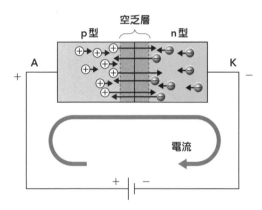

▲ 順向偏壓

於是，p型半導體內的電洞會因為陽極正電荷的排斥，穿越空乏層進入n型半導體區域，與自由電子結合並互相消滅；同時，n型半導體內的自由電子會因為陰極負電荷的排斥，穿越空乏層進入p型半導體區域，與電洞結合並互相消滅。在這些多數載子的移動下，二極體內會產生由陽極往陰極的電流，稱為**順向電流**。

逆向偏壓與逆向電流

那麼，如果與前述情況相反，將二極體的陽極接上負電壓，陰極接上正電壓的話，又會如何呢？這種連接方式會為二極體施加**逆向偏壓**。

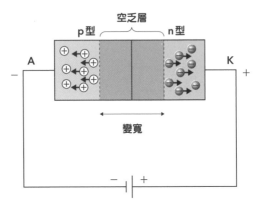

▲ 逆向偏壓

此時，p型半導體內的電洞會因為陽極負電荷的吸引，往陽極移動；同時，n型半導體內的自由電子會因為陰極正電荷的吸引，往陰極移動。於是，空乏層會變得更寬。二極體內的多數載子不會形成電流。不過施加逆向偏壓時，少數載子的移動會產生極弱的**逆向電流**。

二極體只會讓一個方向的電流通過，這種性質叫做**整流作用**，可應用於各種電子零件。

- **順向偏壓**：會產生電流。
- **逆向偏壓**：不會產生電流。

電壓逐漸增加時的二極體特性

再來談談二極體的其他特性。假設我們對二極體施加**順向偏壓**，且電壓從0V開始逐漸增加。此時雖然施加的是順向偏壓，但在前面一段時間內並不會產生順向電流（下圖①）。因為此時的順向偏壓很小，多數載子獲得的能量不足以穿越空乏層。若繼續增加順向偏壓，就會突然出現很大的順向電流。如果是矽二極體，便會在約0.6V時開始產生順向電流。

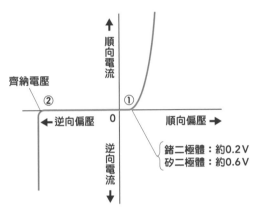

▲ 二極體的特性

如果對二極體施加**逆向偏壓**，且電壓從0V開始逐漸往負向增加。此時，在前面一段時間內並不會產生逆向電流。畢竟施加的是逆向偏壓，自然不會產生電流。不過，若逆向偏壓逐漸增加，達到某個數值時就會突然產生很大的逆向電流（上圖②）。這個開始產生逆向電流的電壓，稱為**齊納電壓**。若要應用二極體的整流作用，工作時的電壓範圍就不能超過齊納電壓。

3

電子電路內的元件

22 二極體的用途

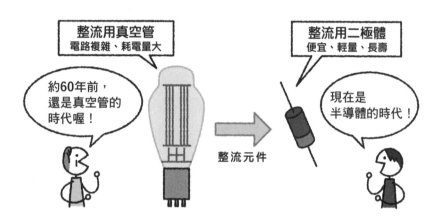

整流用真空管
電路複雜、耗電量大

約60年前，
還是真空管的
時代喔！

整流元件

整流用二極體
便宜、輕量、長壽

現在是
半導體的時代！

整流用與檢波用

二極體有許多種類與用途。這裡要介紹的是整流用與檢波用的
二極體。

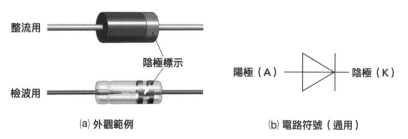

整流用

陰極標示

檢波用

(a) 外觀範例

陽極（A）　　　　陰極（K）

(b) 電路符號（通用）

▲ 二極體

- **整流**：將交流電轉換成直流電。
- **檢波**：從高頻率訊號中擷取出低頻率訊號。

整流用二極體

舉例來說，家中插座供應的是交流電，但電腦需要靠直流電運作。因此，若希望電腦使用家中插座供應的電力，必須先將交流電轉換成直流電，也就是需要**整流**。

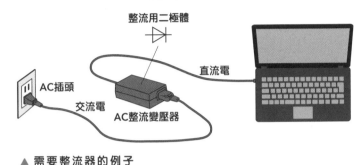

▲ 需要整流器的例子

在本例中，AC整流變壓器內的整流用二極體扮演著重要的角色。AC整流變壓器除了整流功能之外，也有**變壓**功能。整流電路會在Chapter 4中說明。

檢波用二極體

舉例來說，收音機的廣播是用無線電波傳送聲音訊號。聽廣播時需使用收音機，從接收到的無線電波中擷取出聲音訊號。無線電波為高頻率訊號，聲音訊號則是低頻率訊號。像這樣從高頻率訊號中擷取出低頻率訊號的過程，就叫做**檢波**或**解調**。檢波用二極體有檢波功能，其中又以**點接觸二極體**最為常見。我們會在Chapter 4中說明解調電路。

23 各式各樣的二極體

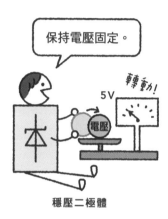

保持電壓固定。

5V 轉動!

電壓

穩壓二極體

可用電力控制的可變電容。

電容

變容二極體

穩壓與變容

本 節要介紹的是除了整流、檢波以外的2種二極體。

- **穩壓二極體**：可以保持電壓值固定，一般又稱為**齊納二極體**（Zener diode）。
- **變容二極體**：有電容功能，可作為電容使用。

穩壓二極體

　　讓我們確認一下前面說明的二極體特性（ **參照** ㉑ ▲二極體的特性）。若對二極體施加**逆向偏壓**，且從0V開始逐漸往負向增加，那麼在前面一段時間內並不會產生逆向電流。不過當電壓增加到某個程度時，就會突然產生很大的逆向電流，這種現象叫做**降伏現象**，此時的電壓稱為**齊納電壓（降伏電壓）**。

　　發生降伏現象時，二極體會產生很大的逆向電流。而且即使改變此時的電流大小，電壓也會保持在該二極體的齊納電壓。穩壓二極體就是活用了這個性質的二極體。也就是說，不論電流有多大，這種二極體的電壓都會保持固定。

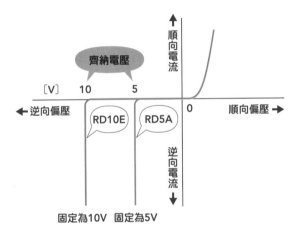

▲ 穩壓二極體的特性範例

　　舉例來說，RD5A這個型號的穩壓二極體可以在廣範圍的電流下，保持電壓為5V。

(a) 外觀範例　　　　　　　　　(b) 電路符號

▲ 穩壓二極體

電容元件皆擁有電容值（單位為[F]），可累積電荷，並阻礙直流電或低頻率交流電的電流通過（**參照** ⑯）。**平行板電容**是最基本的電容器，由2塊平行金屬板構成，金屬板之間可累積電荷。

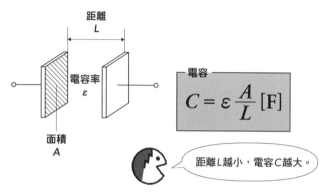

$$C = \varepsilon \frac{A}{L} [F]$$

距離L越小，電容C越大。

▲ 平行板電容的結構

平行板電容的電容值C[F]由金屬板的面積$A[m^2]$、2金屬板的距離L[m]、電容率 ε [F/m]決定。電容率由金屬板間的物質決定。這裡要注意的是，電容值會隨著金屬板之間的距離而改變。

讓我們再次確認前面學過的pn接面二極體（**參照** ㉑）。若對pn接面二極體施加逆向偏壓，p型半導體的多數載子電洞與n型半導體的多數載子自由電子，便會分別往兩邊的電極移動，使接合面的**空乏層**變寬。讓我們試著將此時的pn接面二極體想像成平行板電容的結構。pn接面二極體的空乏層，可以想像成被金屬板夾住的空間。也就是說，對pn接面二極體施加逆向偏壓時，可使其表現出電容性質。

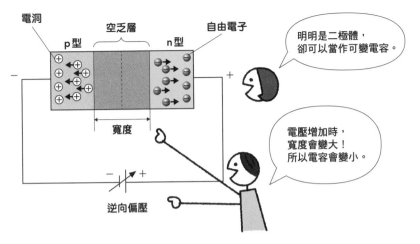

▲ 控制空乏層的寬度

　　平行板電容的電容值會隨著電極的距離而改變。另一方面,當施加在pn接面二極體的逆向偏壓增加時,空乏層也會變寬。換句話說,只要調整逆向偏壓的大小,就可以控制空乏層的寬度(電極間的距離)。也就是說,只要調整施加的逆向偏壓大小,就可以當成可變電容的電容器使用,這就是變容二極體的原理。變容二極體「可用電力控制電容大小」的性質,經常用於製作各種便利的電子零件。

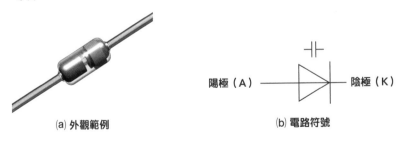

(a) 外觀範例　　　　　　　　　(b) 電路符號

▲ 變容二極體

24 於半導體混入不同的雜質，可得到發光二極體（LED）

自由電子⊖與電洞⊕結合，彼此消滅後會產生光！

LED

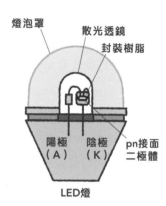

燈泡罩　散光透鏡　封裝樹脂

陽極（A）　陰極（K）　pn接面二極體

LED燈

發光半導體

不使用矽（Si）與鍺（Ge），改用砷化鎵（GaAs）或磷化鎵（GaP）等半導體製作而成的pn接面二極體，若通以順向電流，接合面上會發光。而且使用不同的半導體材料，光的顏

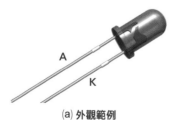

A

K

(a) 外觀範例

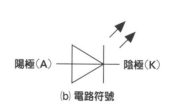

陽極(A)　　　　陰極(K)

(b) 電路符號

▲ 發光二極體

色也會不一樣。舉例來說，砷化鎵（GaAs）可發出紅光，磷化鎵（GaP）可發出綠光，氮化銦鎵（InGaN）可發出藍光。運用這種原理製成的電子零件，稱為**發光二極體**（**LED**：light emitting diode）。

過去，人們認為**藍光LED**的開發是不可能的任務。不過1993年時，日本學者成功開發出高亮度的藍光LED。赤崎、天野、中村等3位日本人也因為這項成就，而獲得了2014年的諾貝爾物理學獎。由藍光LED技術衍生的藍光雷射，也用於藍光光碟（Blu-ray）裝置等（**參照** ⑤⑨ ）。

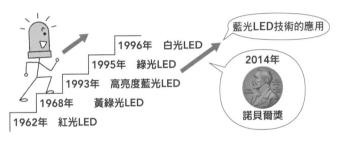

藍光LED技術的應用

1996年　白光LED

1995年　綠光LED

1993年　高亮度藍光LED

1968年　黃綠光LED

1962年　紅光LED

2014年

諾貝爾獎

▲ 發光二極體的開發歷史

LED的特徵

LED的用途相當廣泛，可用於警示燈、紅綠燈、照明燈等。與白熾燈、日光燈等傳統的照明用燈相比，LED有壽命長、耗電量低等優點。包覆pn接面二極體的樹脂劣化速度，會大幅影響LED的壽命。舉例來說，使用矽氧樹脂包覆的LED，壽命是白熾燈的40倍左右。

目前LED產品的價格比日光燈還要高，不過因為LED有很多優點，所以LED燈的市占率正急速擴展中。照明燈一般會希望是白光，但目前還沒開發出高性能的白光LED。所以一般會使用藍光、紅光、綠光LED組合出白光。

25 電晶體內的電子會有什麼行為？

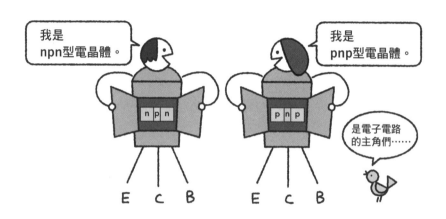

我是
npn型電晶體。

我是
pnp型電晶體。

是電子電路
的主角們……

E　c　B　　　E　c　B

3層結構的電晶體

<big>電</big>晶體是由3層**p型半導體**與**n型半導體**以三明治的樣子交疊而成的電子零件。電晶體包括**射極（E）**、**集極（C）**、**基極（B）**等電極。

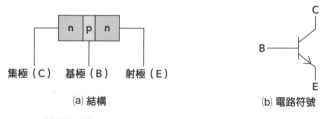

集極（C）　基極（B）　射極（E）

(a) 結構

(b) 電路符號

▲ npn型電晶體

將電晶體接上E_1與E_2這2個電源。此時，請把焦點放在射極側的n型半導體的多數載子——自由電子上。這些自由電子的行為如下圖的①～③。

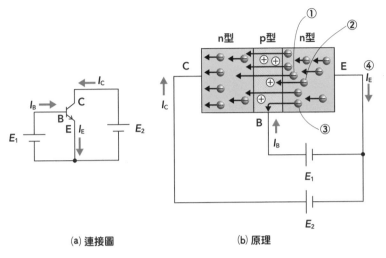

(a) 連接圖　　　　　　　　　　(b) 原理

▲ 電晶體的運作

①幾乎所有射極側的自由電子都會穿過非常薄的p型半導體區域，進入集極側的n型半導體。這些自由電子的流動稱為**集極電流I_C**。

②射極側的一部分自由電子會與p型半導體的電洞結合並互相消滅。

③射極側的一部分自由電子會被吸入與p型半導體互相連接的基極，成為**基極電流I_B**。

④集極電流I_C與基極電流I_B的總和，會等於**射極電流I_E**。

　　經由上述說明可以得知：

- **I_C、I_B的關係：$I_C \gg I_B$**　（①、③）
- **I_C、I_B、I_E的關係：$I_E = I_C + I_B$**　（④）

npn型與pnp型

電晶體運作時，自由電子與電洞皆為多數載子，故也叫做**雙極性**（bipolar）**電晶體**。bi是2個的意思，polar是極的意思。相較於此，FET（場效電晶體）（**參照** ㉗）也叫做**單極性**（unipolar）**電晶體**。uni是單一的意思。

如下圖所示，**npn型電晶體**是將雜質半導體以n型－p型－n型的方式連接起來的電晶體。另一方面，如果將雜質半導體以p型－n型－p型的方式連接起來，則稱為**pnp型電晶體**。

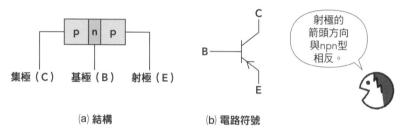

(a) 結構　　　　　　　(b) 電路符號

▲ pnp型電晶體

pnp型電晶體的運作機制與前面說明的npn型電晶體類似，只要把自由電子與電洞交換即可。另外，也要把連接的2個電源E_1、E_2的極性反過來。此時，通過各電極的電流I_C、I_B、I_E的方向也會全部反過來。

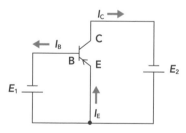

▲ pnp型電晶體的連接方式

市面上販售的電晶體

市面上販售的電晶體會標註2SC1815A之類的型號。

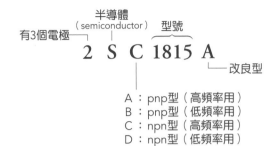

有3個電極 ┐　　半導體
　　　　　　　（semiconductor）　型號

$$2\ \ S\ \ C\ \ 1815\ \ A$$

└─ 改良型

A：pnp型（高頻率用）
B：pnp型（低頻率用）
C：npn型（高頻率用）
D：npn型（低頻率用）

▲ 電晶體型號範例

電晶體的形狀有很多種，每一種電晶體產品的射極、集極、基極的配置方式都不一樣。若要確認哪個電極（pin）是射極、集極、基極，必須確認規格書才行。

▲ 電晶體外觀範例

電晶體的發明

電晶體是美國貝爾實驗室的肖克利（William Shockley）博士等人於1948年發明的。在這之前，一般會使用真空管來放大電訊號。而電晶體有體積小、耗電量低、壽命長等優點。隨著電晶體的登場，電子電路領域也有了飛躍性的進步。肖克利博士等人因為這項成就而獲得了1956年的諾貝爾物理學獎。

26 瞭解電晶體的用途！

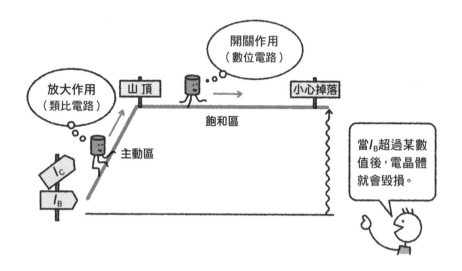

放大作用與開關作用

電晶體的主要功能為**放大作用**與**開關作用**。將電晶體接上電源，慢慢調升**基極電流**I_B，同時觀察**集極電流**I_C的變化。

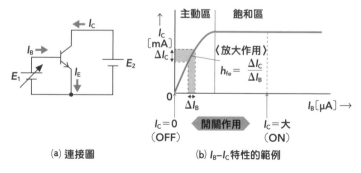

(a) 連接圖　　　　(b) I_B–I_C特性的範例

▲ 電晶體的特性

當基極電流I_B從0開始逐漸增加時，集極電流I_C也會跟著同步增加。這個關係成立的範圍稱為**主動區**。這裡的I_B可以想成是輸入電流，I_C可以想成是輸出電流。而要注意的是，在這個例子當中，I_B[μA]與I_C[mA]的單位差了1000倍（μA ≪ mA）。也就是說，輸入電流I_B只要些微增加，輸出電流I_C就會大幅增加。這就是電晶體的**放大作用**。其中，I_B變化與I_C變化的比例叫做**電流放大率**h_{fe}。

如果基極電流I_B持續增加，超過了主動區，那麼集極電流I_C就不會再改變，而是維持一定大小。這個範圍稱為**飽和區**。在飽和區中，以下關係式成立。

- *I_B無電流：I_C也無電流（ $I_C = 0$ ）*。
- *I_B有電流：I_C數值大小固定*。

在這個區域當中，I_B是否有電流通過，決定了I_C是否有電流通過。也就是說，我們可以藉由基極電流I_B控制集極─射極間電流的ON或OFF，就像開關一樣。這就是電晶體的**開關作用**。與機械式開關相比，只要善用電晶體的開關作用，就能製作出不需機械性接觸、可高速運作的電子開關。

電晶體的放大作用主要應用於**類比電路**，開關作用主要應用於**數位電路**。

27 場效電晶體（FET）的運作原理

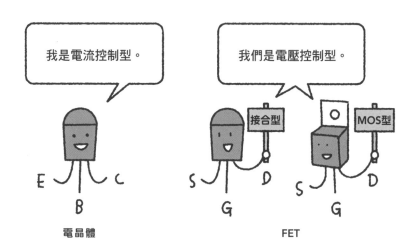

取代電晶體的場效電晶體

場效電晶體也簡稱為**FET**（field-effect transistor），是一種主動元件。現在FET的性能逐漸提升，還擁有低耗電、不易受雜訊影響等優點，已廣泛應用於許多電子電路中，取代了電晶體（**參照** ㉕）。

FET依照結構可以分成接合型與MOS型，這2種FET皆含有**源極（S）**、**汲極（D）**、**閘極（G）**等電極。

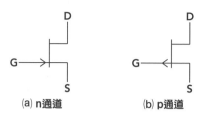

(a) n通道　　　　　　(b) p通道

▲ 接合型FET的電路符號

　　接合型FET會連接2個電源E_1、E_2。此時，閘極—源極之間為逆向偏壓E_1，故pn接面會出現空乏層。

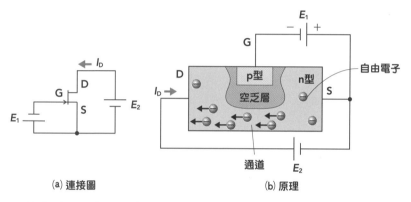

(a) 連接圖　　　　　　　　　　　(b) 原理

▲ 接合型FET（n通道）的運作

　　汲極—源極之間，n型半導體內的多數載子——自由電子，可繞過空乏層往汲極移動，產生**汲極電流I_D**。此時自由電子的路徑稱為**通道**（channel）。空乏層大小由施加在閘極的逆向偏壓E_1的數值決定。也就是說，閘極電壓可以控制汲極電流。

　　因為對閘極施加了逆向偏壓，所以閘極不會有電流通過。我們可想像成是FET的輸入側有很大的等效電阻，這也是FET的優點。

　　電晶體是由基極電流控制集極電流的**電流控制型**電子零件，而FET則是由閘極電壓控制汲極電流的**電壓控制型**電子零件。另外，汲極電流僅有一種多數載子（n通道為自由電子）作用，因此FET

也叫做**單極性電晶體**。將n通道的n型半導體與p型半導體對調，可得到接合型FET（p通道）。同時，與之相連的2個電源E_1、E_2的極性也要反過來才行。此時，電流I_D的方向也會跟著反過來。

MOS型FET

MOS（metal oxide semiconductor）型FET是在半導體表面加上一層氧化物絕緣膜的FET。MOSFET適合用於製作IC（積體電路），擁有耗電量比接合型FET低的優點，因此被廣泛使用。

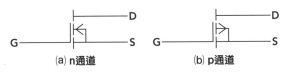

(a) n通道　　　　(b) p通道

▲ MOSFET的電路符號（增強型）

MOSFET（n通道）與2個電源E_1、E_2相連。對閘極施加正電壓後，p型半導體中的少數載子——自由電子會被閘極吸引過去，開闢出**通道**，讓汲極—源極之間的**汲極電流I_D**通過。MOSFET與接合型FET一樣，可由閘極電壓控制汲極電流。這裡介紹的是增強型FET。空乏型FET（**參照** ㉘ 空乏型與增強型）在製造時就已配置好通道，閘極電壓為負時仍可運作。

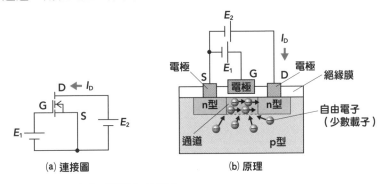

(a) 連接圖　　　　(b) 原理

▲ MOSFET（n通道）的運作

市面上販售的FET會標註2SK2232A之類的型號。

▲ FET型號範例

FET的形狀有很多種，每一種FET產品的源極、汲極、閘極的配置方式都不一樣。若要確認哪個電極（pin）是源極、汲極、閘極，必須確認規格書才行。

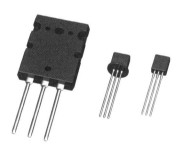

▲ FET外觀範例

3

電子電路內的元件

28 場效電晶體（FET）有什麼特徵？

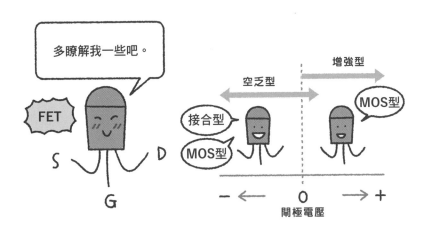

FET的阻抗

FET的主要功能與電晶體類似，包括**放大作用**與**開關作用**。以下讓我們來看看電路中的電晶體與FET的輸入側和輸出側的**阻抗**。阻抗指的是交流電訊號通過電路或元件時，所承受的電阻整合數值，單位為Ω。

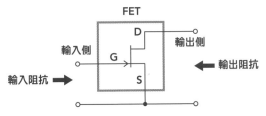

▲ 輸入側和輸出側的阻抗

舉例來說，下圖中接合型FET（n通道）的輸入側與電路A相連。此時，如果希望電能從電路A傳遞至FET的過程中沒有任何耗損，那麼電路A的輸出阻抗與FET的輸入阻抗最好能一致。使阻抗趨於一致的過程稱為**阻抗匹配**。

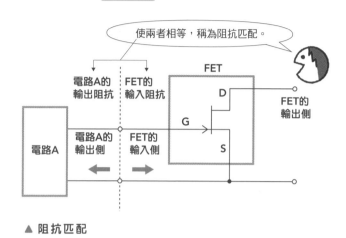

▲ 阻抗匹配

高頻率電路與低頻率電路個別的阻抗匹配

　　能量耗損較大的高頻率電路，阻抗匹配則特別重要。電視等電器使用的同軸電纜阻抗為固定數值（50Ω或60Ω），就是為了方便進行阻抗匹配。不過，阻抗匹配的電路設計並不容易。因此能量損失較少的低頻率電路中，阻抗匹配工作會比較簡略。為了保持一定效率，電路輸入側的阻抗會設計得較大，輸出側的阻抗則設計得較小。

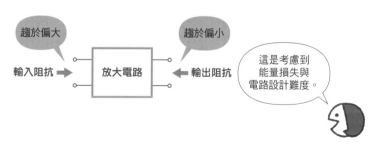

▲ 低頻率電路的設計

與電晶體相比，FET的輸入阻抗數值相當大。這也是FET一個很大的優點。

空乏型與增強型

前面已大致說明對FET（n通道）的閘極施加負電壓時的情況。精確來說，對FET的閘極施加電壓的情況可以分成2種形式。

- **空乏型**：這是在接合型FET（n通道）的閘極上施加負電壓（**參照** ㉗ ▲接合型FET（n通道）的運作）。在MOSFET施加負電壓或正電壓。

- **增強型**：這是在MOSFET（n通道）的閘極上施加正電壓。※若是p通道時，施加的電壓正負顛倒。

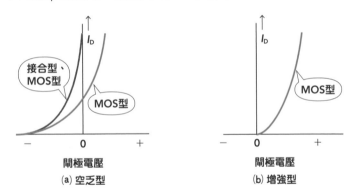

▲ FET（n通道）閘極電壓─汲極電流的特性範例

接合型FET為空乏型FET，MOSFET則有增強型、空乏型2種。不同型式的MOSFET，電路符號也不一樣。

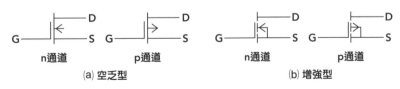

▲ MOSFET的電路符號

電晶體的內容整理

電晶體（雙極性電晶體）以及場效電晶體（FET、單極性電晶體）皆為電晶體。若只說電晶體時，通常是指雙極性電晶體。

另外，近年來電子零件逐漸IC（積體電路）化、小型化。即使是未IC化的單體零件，也會做成**晶片式**的小型零件，方便裝在電路板上。電阻與電容等元件也越來越常做成晶片式零件。

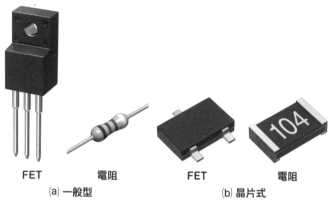

FET　　　電阻　　　　　　FET　　　　電阻

(a) 一般型　　　　　　　(b) 晶片式

▲ 零件形狀範例

29 二極體＋開關會得到閘流體!?

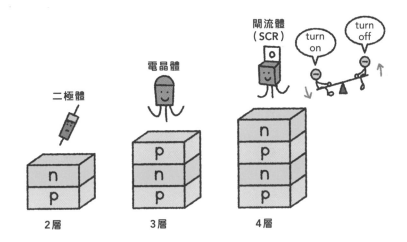

二極體
n
p
2層

電晶體
p
n
p
3層

閘流體
（SCR）   turn on   turn off
n
p
n
p
4層

閘流體的功能

閘流體就像是二極體加上開關功能後得到的電子零件，包括 SCR、GTO、雙向三極體等種類。

- **SCR**：單向性防逆向三端子閘流體
- **GTO**：單向性閘極截止閘流體
- **雙向三極體**：雙向性三端子閘流體

SCR

SCR是閘流體的代表性例子。就像二極體一樣，電極可以分成**陽極**（A）與**陰極**（K），再加上**閘極（G）**。

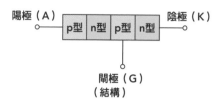

(結構)

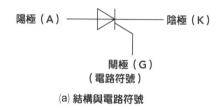

(a) 結構與電路符號

(b) 外觀範例

▲ SCR

光是對SCR的陽極—陰極間施加順向偏壓V，仍不會產生順向電流I。

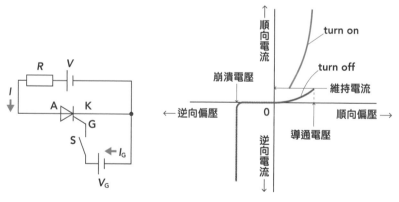

▲ SCR的運作　　　▲ SCR的特性

不過，如果接通開關S，使閘極（G）產生閘極電流I_G，就會產生順向電流I。這時候閘流體處於導通（ON）狀態，稱為**turn on**。一旦turn on之後，即使切斷開關S，使閘極電流$I_G = 0$，順向

電子電路內的元件

電流*l*仍會持續流動。不過，若要讓SCR維持在turn on狀態，順向電流*l*必須保持在一定強度以上。這個強度的電流稱為**維持電流**。

若希望SCR斷開（OFF），也就是**turn off**，可對SCR施加逆向偏壓。

另外，即使閘極電流$I_G = 0$，只要對SCR施加的順向偏壓*V*夠大，就能turn on，這種現象叫做**導通**。對SCR施加逆向偏壓時，會展現出與二極體相同的特性。

使SCR轉為OFF的電路稱為**換向電路**。

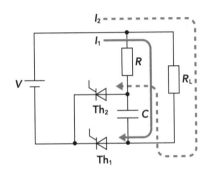

▲ 換向電路的例子

〈換向電路的運作例子〉

①Th₁為ON時，電流*l₁*接通，為電容*C*充電。

②Th₂為ON時，*C*進行放電，對Th₁施加逆向偏壓，使Th₁轉為OFF。

③Th₁轉為OFF後，電流*l₂*接通，*C*以①的相反方向充電。

④Th₁再次轉為ON後，*C*進行放電，對Th₂施加逆向偏壓，使Th₂轉為OFF。

就像這樣，一個SCR轉為ON時，另一個SCR又會轉為OFF。

若對SCR的陽極（A）─陰極（K）施加交流電，只要使閘極電流$I_G = 0$，再對陽極（A）施加逆向偏壓，就能使其轉為OFF了，不需要用到換向電路。

GTO

原則上，若要使SCR轉為OFF，必須用到換向電路。不過如果使用的是GTO，只要閘極（G）的電流方向反過來，就能使其轉為OFF了，不需要用到換向電路。

雙向三極體

雙向三極體的結構就像是2個SCR反向並聯，這種結構是為了讓它能使用交流電等雙向電流。

(a) GTO

(b) 雙向三極體

▲ 電路符號

閘流體可用於整流電路、電壓控制電路、將直流電轉換成交流電的逆變器電路等地方。

30 IC（積體電路）是很方便的電子元件

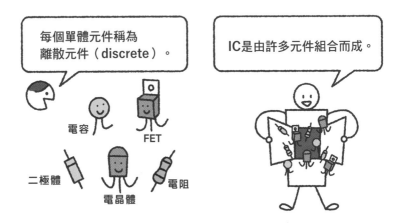

每個單體元件稱為離散元件（discrete）。

IC是由許多元件組合而成。

電容

FET

二極體

電晶體

電阻

IC的一般性特徵

IC（integrated circuit：**積體電路**）是將許多電晶體、FET、電阻、電容等元件全塞在矽基板上組合而成的電子元件。依照IC內含有的元件數目，可以分成LSI（large scale IC：大型積體電路）、VLSI（very large scale IC：超大型積體電路）、ULSI（ultra large scale IC：極大型積體電路）等。IC的一般性特徵如下所示。

①體積小、可靠性高。
②耗電量低、運作速度快。

③由特性一致的電晶體或FET構成。

④使電子電路的製作變得更簡單。

2種IC

IC主要可以分成以下2種。

- **類比IC**：處理類比訊號的IC，包括運算放大器、聲音放大用IC、穩壓電源用IC等。
- **數位IC**：處理數位訊號的IC，包括邏輯電路用IC、DSP（digital signal processor）、電腦CPU（central processing unit）、記憶體IC等。

類比IC的例子

　穩壓電源用IC（TA4805S）在輸入直流電6～12V後，可輸出穩定的5V電壓。有這種功能的三端子IC，也叫做三端子穩壓器。

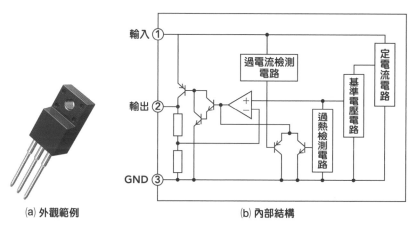

(a) 外觀範例　　　　　　　　　(b) 內部結構

▲ 穩壓電源用IC的例子

數位IC的例子

舉例來說，邏輯電路（ **參照** ㊽）用IC（TC74HC00AP）包含了4個邏輯反及（NAND）（ **參照** ㊽邏輯反及與邏輯反或）功能。這些邏輯電路可運用這些邏輯閘來處理數位訊號。

(a) 外觀範例　　(b) 內部結構

▲ 邏輯電路用IC的例子

IC製造過程

IC的製造過程如下。

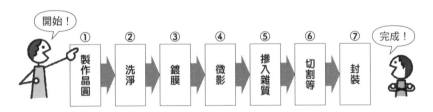

▲ IC製造過程

①製作晶圓

晶圓是由高純度矽製成的圓形基板。一個直徑300mm的晶圓，可以切出650個邊長10mm的IC晶片。

②洗淨

清洗晶圓，去除細微灰塵等雜質。

③鍍膜

於晶圓鍍上可作為電極的多晶矽膜、作為配線的鋁膜、絕緣

用的絕緣膜等。

④微影

　運用照相製版技術加工晶圓，蝕刻出細小的電路。

⑤摻入雜質

　摻入硼B、磷P等雜質，藉此製造出p型半導體、n型半導體等等。

⑥切割等

　將晶圓切成多個IC晶片（dicing），置於基台（mount）上，接上電極（bonding）。

⑦封裝

　以樹脂封住（mold）IC晶片，收納於有接腳的盒內。

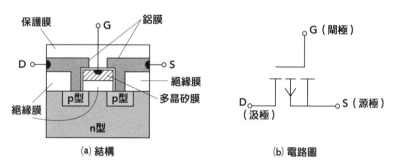

(a) 結構　　　　　(b) 電路圖

▲ MOSFET（p通道）結構範例

　多晶矽膜可以作為電阻、絕緣膜可以作為電容，然而線圈很難IC化。

31 高效能的放大電路—— 運算放大器

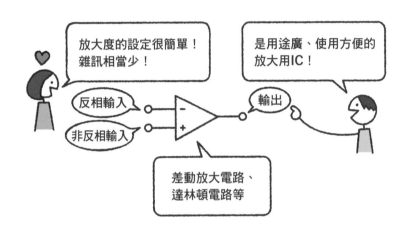

放大度的設定很簡單！雜訊相當少！

是用途廣、使用方便的放大用IC！

反相輸入

非反相輸入

輸出

差動放大電路、達林頓電路等

運算放大器的概要

電子電路中常會用到高性能的放大電路，所以科學家們開發出 **運算放大器** 這種泛用的放大電路，這是很常用的元件。運算放大器主要有以下特徵。

- 可IC化，使用上相當方便。
- 放大度很大（可達數萬倍）。
- 輸入阻抗很高（數百KΩ～數十MΩ）。
- 輸出阻抗很低（數十Ω）。
- 可放大的訊號頻帶很寬（從直流電到數十MHz）。
- 不適用於高頻率訊號的放大。

阻抗（單位[Ω]） 就相當於交流電的等效電阻（**參照** ㉘ FET的阻抗）。JIS（日本產業規格）有規定運算放大器的電路符號，不過除此之外，還有數種慣用的運算放大器符號。

(a) JIS

(b) 慣用

▲ 運算放大器的電路符號

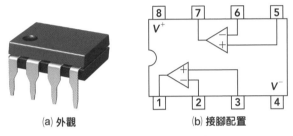

(a) 外觀

(b) 接腳配置

▲ 運算放大器的範例（NMJ4580）

基本上，運算放大器需接上2個電源E_1、E_2才能運作。不過，也有些IC只要1個電源便能運作。

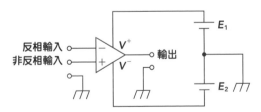

▲ 運算放大器的基本電源電路（2個電源）

差動放大電路

我們可以透過高性能的**差動放大電路**瞭解運算放大器的原理。訊號由輸入端子進入差動放大電路後,差動放大電路可放大2個輸入訊號的差值再輸出。

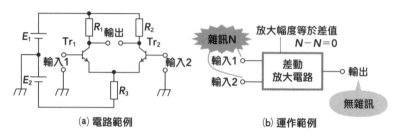

(a) 電路範例　　　　　　　　(b) 運作範例

▲ 差動放大電路

舉例來說,2個相同振幅、相位的訊號相減後為零,將這2個訊號輸入至差動放大電路後,輸出也為零。當有雜訊混入時,通常2個輸入端子會混入相同的雜訊,這2個雜訊相減後會互相抵銷,所以不會影響到輸出。綜上所述,差動放大電路有個很大的優點,就是比較不會受到雜訊的影響。

建構高性能的差動放大電路時,需要2個特性相同的電晶體。在IC技術的發展下,已輕鬆達成了這個條件。

達林頓電路

運算放大器還會加入**達林頓電路**這種放大電路,以增加訊號放大幅度。達林頓電路的放大度h_{fe}為各個電晶體的放大度h_{fe1}與h_{fe2}的乘積。但如此一來,放大度會變得過大,所以一般還會加上**負回**

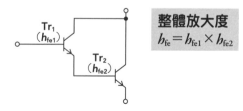

整體放大度
$$h_{fe} = h_{fe1} \times h_{fe2}$$

▲ 達林頓電路的範例

授放大電路（ 參照 ㊴ ）一起使用。

反相放大電路

下圖為使用運算放大器的**反相放大電路**結構範例。放大一個輸入訊號時，運算放大器的另一個輸入端子需要接地。另外，透過電阻R_f可建構出負回授放大電路。這個反相放大電路的放大度A_{vf}，可由2個電阻R_s與R_f的比輕鬆算出。放大度A_{vf}的計算式中之所以有個負號，是因為輸出訊號為輸入訊號的反相。

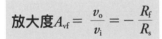

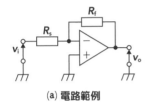

(a) 電路範例

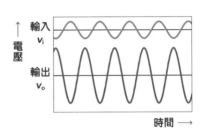

(b) 輸入輸出的波形範例

▲ 反相放大電路

運算放大器的應用例子

由於運算放大器是一種方便且高性能的放大電路，因此有許多應用，例如以下的例子。

加法電路、微分電路、積分電路、振盪電路（ 參照 ㊶ 運用振盪 ）、濾波電路（ 參照 ㊹ ）、電流—電壓轉換電路、比較器（ 參照 ㊻ ▲比較器的運作方式 ）、感測器電路、馬達控制電路、電壓隨耦器電路（緩衝放大電路）

32

感測器
究竟是什麼東西？

感測器是什麼？

感　**測器**主要是用於偵測物體的位置、溫度、濕度、光、聲音、磁力、加速度、壓力、氣體的有無或量的多寡之元件。

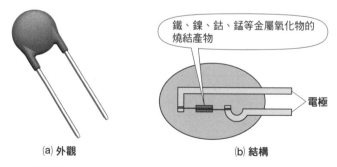

(a) 外觀　　　　　　　　(b) 結構

鐵、鎳、鈷、錳等金屬氧化物的燒結產物

電極

▲ 熱敏電阻

温度感測器包括**熱敏電阻**、**熱電偶溫度感測器**等。熱敏電阻的電阻值會隨著溫度改變，擁有體積小、高性能、便宜的優點，因此被廣為使用。

光感測器、磁感測器、壓力感測器

光感測器包括**光電晶體**、**CdS**（鎘Cd與硫S的化合物）等。光電晶體與電晶體一樣，均為p型半導體與n型半導體的3層結構，以光照射基極時，集極會產生電流。CdS是一種電阻值會因為光的強度而改變的感測器。

(a) 外觀　　　　　　(b) 電路符號

射極（E）
集極（C）

▲ 光電晶體

常見的**磁感測器**，例如使用半導體的**霍爾元件**。將霍爾元件通以電流之後，若接觸到磁場便會產生電壓，且電壓與磁場強度成正比。這種現象叫做**霍爾效應**。

壓力感測器則包括**金屬電阻應變計**、**半導體隔膜式壓力感測器**等。兩者的電阻值皆會因壓力大小而改變。

(a) 霍爾元件　　　　　(b) 金屬電阻應變計

▲ 磁感測器與壓力感測器的外觀範例

33 整合了機械型元件、感測器、電子電路的 MEMS

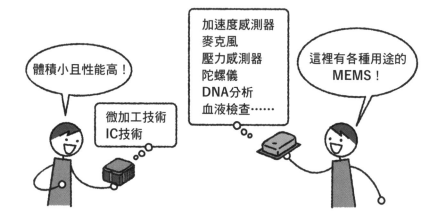

體積小且性能高！

微加工技術
IC技術

加速度感測器
麥克風
壓力感測器
陀螺儀
DNA分析
血液檢查……

這裡有各種用途的
MEMS！

小型電子元件MEMS

運用微加工、IC（積體電路）技術，將機械型元件、感測器與電子電路等裝設在一個矽基板上，製作而成的小型電子元件稱為**MEMS**（micro electro mechanical systems）。

　　舉例來說，感測器的輸出訊號通常十分微弱，一般來說感測器會與放大電路組合使用。若將感測器與放大電路MEMS化，就能製作成高性能、體積小、使用起來很方便的電子元件。包括加速度感測器、陀螺儀、壓力感測器、溫度感測器等，皆可MEMS化。

測定加速度用的MEMS

下圖為可檢測x軸與y軸2軸的**加速度**，將其轉換成數位訊號的MEMS外觀範例。內部搭載了加速度感測器、放大電路、控制電路、將類比訊號轉換成數位訊號的A-D變流器等。可測定的加速度範圍為±3g（1g≒9.8m/s²），解析度約為1mg，工作電壓為3.0～5.25V。

大致的外部尺寸
長：5mm
寬：5mm
高：3mm

▲ 測定加速度用的MEMS外觀範例

麥克風用MEMS

另外，將**麥克風**MEMS化的產品也被廣泛使用。下圖是為了裝在智慧型手機上而開發的麥克風用MEMS外觀範例。內部有矽麥克風與放大電路等。

大致的外部尺寸
長：4mm
寬：3mm
高：1mm

▲ 麥克風用的MEMS外觀範例

除此之外，還有像是噴墨印表機的噴頭、醫用血液檢查用元件等也做成了MEMS，應用於各領域。

二極體是由**p型半導體**與**n型半導體**以**pn接合**的方式構成。而**電晶體**則是由**npn接合**或是**pnp接合**構成。那麼，若將2個二極體接合在一起，可以成功製作出與電晶體相同的元件嗎？

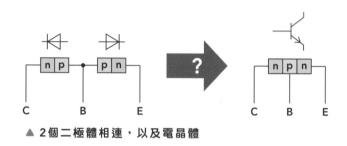

▲ 2個二極體相連，以及電晶體

2個二極體相連的電路，乍看之下與npn電路的結構相仿。不過，這個電路不能當作電晶體使用。在一般的電晶體中，來自射極的多數自由電子必須穿過基極，抵達集極區域。因此在實際的電晶體中，**基極區域**會做得特別薄。二極體的2個電路無法滿足這個條件。此外，p型半導體與n型半導體的接合面必須以**共價鍵**連接。而且以上圖的電晶體為例，即使兩邊都是n型半導體，兩邊的雜質濃度也不一樣，這是為了要調整兩邊的**電阻率**大小。在上圖中，集極側的n型半導體電阻率較大。綜上所述，二極體的2個電路沒辦法滿足電晶體的運作條件。

4

來看看
類比電路

34 類比電路與數位電路的差異為何？

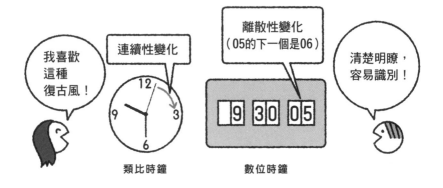

我喜歡這種復古風！

連續性變化

離散性變化（05的下一個是06）

清楚明瞭，容易識別！

類比時鐘　　　　　數位時鐘

類比訊號

舉例來說，聲音是連續變化的**類比訊號**。以使用麥克風為例，麥克風需將聲音轉換成類比的電訊號再放大訊號。放大電路的輸出通常含有**雜訊**（noise）。此外，我們周圍也有許多雜訊。電子機械、汽車引擎等都會產生雜訊。類比訊號容易受到這些雜訊的影響而出現變化。不過，自然界中許多訊號都是類比訊號，所以處理這些訊號的電路也扮演著相當重要的角色。

數位訊號

另一方面，**數位訊號**只有**0**或**1**的數值，並會斷斷續續地變化。

所以即使有雜訊，也比較不會使0轉變成1，或者使1轉變成0。換句話說，與類比訊號相比，數位訊號比較不會受到雜訊的影響。也就是說，數位訊號的精準度與可靠度都比類比訊號優異。舉例來說，如果多次複製類比訊號的資料，那麼資料就會逐漸劣化。但如果是數位訊號的資料，即使複製多次也不會劣化。

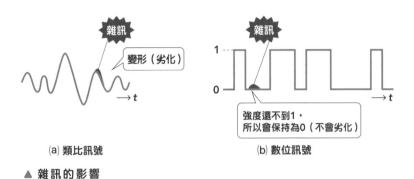

(a) 類比訊號　　　　　　　　　　(b) 數位訊號

▲ 雜訊的影響

- **類比訊號**：連續性變化的訊號，容易被雜訊影響。
- **數位訊號**：離散性變化的訊號，不易被雜訊影響。

從類比訊號轉換成數位訊號

因此，現在即使是聲音等類比訊號，也會設法轉換成數位訊號（**參照** 56）。智慧型手機下載的音樂也是數位訊號，經過一定的處理後可恢復成類比訊號（**參照** 57），再經由揚聲器輸出。此外，電腦內的資訊處理，處理對象也是數位訊號。

處理類比訊號的電路是**類比電路**，處理數位訊號的電路則是**數位電路**。

35 放大電路是把輸入電流放大成輸出電流嗎？

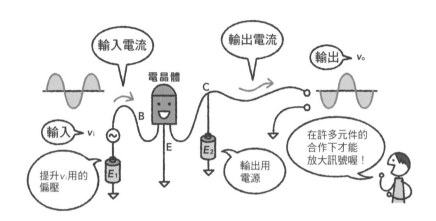

放大電路的運作

放大電路是將輸入的電訊號放大後輸出的電路，也叫做**放大器**（amplifier）。讓我們來看看電晶體是如何放大輸入訊號吧（**參照** ㉖ ）。

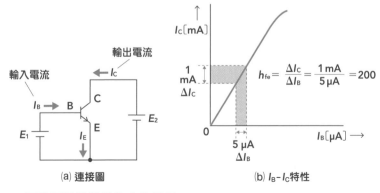

(a) 連接圖

(b) I_B-I_C特性

$$h_{fe} = \frac{\Delta I_C}{\Delta I_B} = \frac{1\,\text{mA}}{5\,\mu\text{A}} = 200$$

▲ 運用電晶體特性放大的例子

舉例來說，假設當輸入電流I_B改變為5μA時，我們希望輸出電流I_C可以改變為1mA。也就是說，我們希望I_C的變化量是I_B的200倍（1mA ÷ 0.005mA = 200）。換句話說，就是將小小的輸入變化轉變成較大的輸出變化。這就是放大的概念。

　　不過要注意的是，我們並不是使用什麼魔法將輸入電流I_B本身放大後輸出。輸出電流I_C是由電源E_2供應。

使用電晶體的放大電路

　　讓我們來看看如何運用電晶體製作交流電訊號的放大電路。若在原本的輸入側電源E_1處，改接上欲放大的交流電訊號v_i。這樣可以正確放大訊號嗎？

4

來看看類比電路

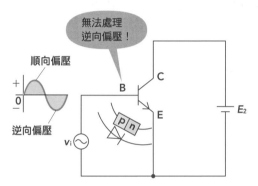

▲ 接上交流電訊號

　　電晶體的基極—射極之間為pn接面。也就是說，這個部分有二極體的性質。因此當基極被施加正電壓時會轉變成順向偏壓，產生基極電流I_B。但如果施加負電壓，因為是逆向偏壓，所以不會產生I_B。這表示，這種電路無法放大整個交流電訊號。為了解決這個問題，一般會在交流電訊號v_i旁加上一個電源E_1。如此一來，施加在基極上的電壓就變成了$E_1 + v_i$，在任何時候都是正的順向偏壓。這種情況下的直流電壓就叫做**偏壓**。

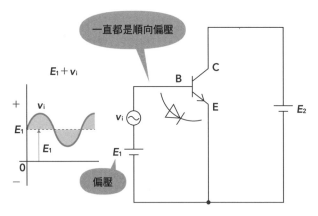

▲ 偏壓的連接方式

為使電晶體正常運作需使用電阻

基本上，若要讓電晶體正確運作，需要用到2個電源E_1（偏壓用）與E_2（輸出用）。不過，如果使用電阻的話，只要1個電源就能得到2種電壓。為使用偏壓而建構的電路，叫做**偏壓電路**。下圖是使用了4個電阻的**電流回授偏壓電路**。這裡需要依照電晶體的規格選用不同數值的電阻，使電壓與電流保持在適當的數值範圍內。

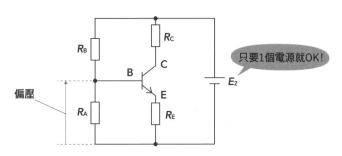

▲ 電流回授偏壓電路

若在這個電路接上欲放大的交流電訊號v_i，偏壓電路的直流電源會影響到訊號。為了解決這個問題，需要在v_i旁插入耦合用的電容C_1，因為直流電具有難以通過電容的性質。另外，擷取輸出的地方為了避免直流電源的影響，也會插入**耦合電容**C_2。而為了防

止直流電路的偏壓電路影響到交流電訊號，則需插入名為**旁路電容**的電容C_E。

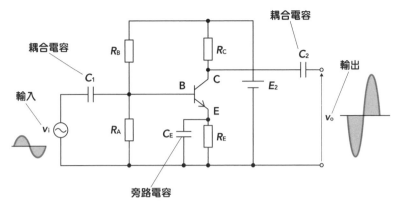

▲ 交流電訊號的電晶體放大電路

這個電路叫做**共射極放大電路**。另外，因為輸出訊號與輸入訊號為反相，所以也叫做反相放大電路。下圖為使用FET的**共源極放大電路**。

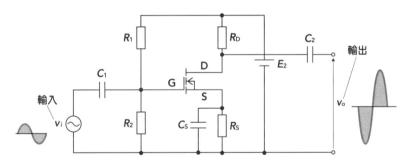

▲ 交流電訊號的FET放大電路

36

由放大度與增益可以知道電訊號被放大了多少比率

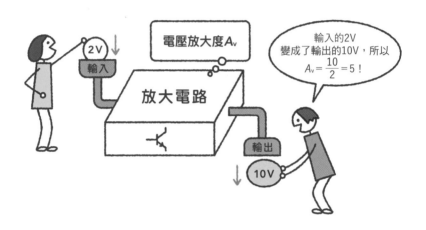

輸入與輸出的電訊號比

在放大電路中，輸入與輸出的電訊號比叫做**放大度**。放大度有以下3種，通常沒有單位，如果硬要寫個單位的話，一般會使用「**倍**」。

- **電壓放大度A_v**：輸入電壓v_i與輸出電壓v_o的比。

$$A_v = \left| \frac{v_o}{v_i} \right|$$

- **電流放大度A_i**：輸入電流i_i與輸出電流i_o的比。

$$A_i = \left| \frac{i_o}{i_i} \right|$$

- **功率放大度A_p**：輸入功率P_i與輸出功率P_o的比。

$$A_p = \left| \frac{P_o}{P_i} \right|$$

放大度小於1時，表示輸出訊號比輸入訊號還要小。此時的放大電路也叫做**衰減電路**。另外，放大度為負時，表示輸出訊號的相位與輸入訊號相反。為了比較各個電路的放大程度，此時會使用絕對值符號。

放大度非常大時

如果放大度的數值非常大，為了方便描述，一般會換算成**增益**（單位為**dB**〈分貝〉），英文為**gain**。計算時會用到對數**log**。

- **電壓增益** $G_v = 20 \log_{10} A_v$ [dB]
- **電流增益** $G_i = 20 \log_{10} A_i$ [dB]
- **功率增益** $G_p = 10 \log_{10} A_p$ [dB]

———— 注意係數！

要注意的是，如果有多個放大電路連接在一起，欲計算整體的放大度或增益時，兩者的計算方式不同。放大度為相乘，增益則是相加。

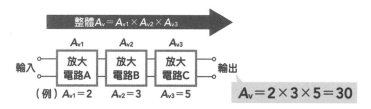

▲ 整體放大度

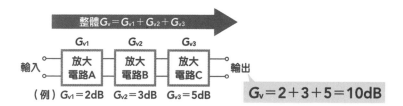

▲ 整體增益

37 放大的種類與性質

由動作點決定放大程度！

我可以用來區分差異！

靜態特性

在 下圖的放大電路中，有偏壓E_1與輸出用的E_2。電阻R_C是用來讀取電晶體集極的輸出電壓。

（輸出電流）I_C

負載線

$\left(\dfrac{E_2}{R_C}\right)$ y

動作點
P

0　　　　　x　　V_{CE} →
（E_2）　（輸出電壓）

(a) 放大電路

(b) V_{CE}–I_C特性（靜態特性）

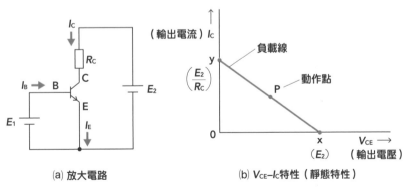

▲ 負載線與動作點

在p.118的下圖中，顯示了這個放大電路內，在直流電（E_1、E_2）的影響下，輸出電壓V_{CE}（射極—集極間電壓）與輸出電流I_C的關係「V_{CE}–I_C特性」。這種直流電下的特性稱為**靜態特性**。

圖中點x與點y可由以下方式求出。

點x：$I_C = 0$時，電阻R_C造成的電壓下降為0，因此$V_{CE} = E_2$。

點y：$V_{CE} = 0$時，考慮射極—集極間的短路，可以由歐姆定律得知$I_C = \dfrac{E_2}{R_C}$。

點x與點y之間的連線稱為**負載線**。放大電路運作時，隨著輸入電壓v_i的改變，I_C與V_{CE}之間的關係變化即為負載線。另外，輸入電壓$v_i = 0$的放大電路運作時，表示輸出電壓V_{CE}與輸出電流I_C之負載線上的點P，稱為**動作點**。

動態特性

將這個放大電路接上欲放大的輸入電壓（正弦波交流電）v_i，使輸入電流i_b流入，並把輸出電流i_c與輸出電壓v_o（$= v_{ce}$）畫在圖上。這種考慮到交流電的特性稱為**動態特性**。本書會把與直流電有

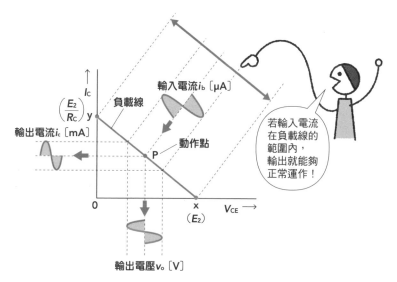

▲ 輸入—輸出特性（動態特性）

關者寫成I_B等大寫字母，與交流電有
關者寫成i_b等小寫字母。

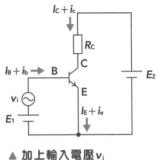

▲ 加上輸入電壓v_i

依照動作點的設定位置分類

　　動作點的位置由偏壓電路決定。一般用途中，通常會希望輸入
的交流電訊號在正負2個方向上都能放大，所以會將動作點設定在
負載線的中央附近。這種設定動作點的方式稱為**A類放大**。除此之
外，一般會依照動作點的設定位置，將放大方式分成數個**類**。

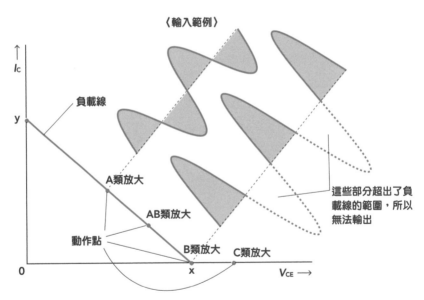

▲ 動作點的設定位置與放大類別

- **A類放大**：動作點設定在負載線的中央附近，因此可得到不失真的輸出。不過，當輸入訊號i_b為零時，直流電流I_C仍在流動，所以效率較差（參照p.119，動態特性的圖）。

- **B類放大**：動作點設定在負載線的端點，因此只能得到輸入訊號i_b半個週期的訊號。不過，這半個週期的輸出可以有很大的振幅。而且當輸入訊號i_b為零時，直流電流I_C也歸零，所以效率較好。

- **AB類放大**：動作點設定在A類放大與B類放大的中央附近。輸出的失真比A類放大還要大，不過效率也比A類放大來得要好。

- **C類放大**：動作點設定在比B類放大更外側的位置，在負載線之外。輸出的失真相當大，不過直流電流I_C的流動時間很短，所以效率非常好。重視效率的**高頻放大電路**常採用這類放大方式，為了去除訊號的失真情況，通常會一起使用**頻率同步電路**。

▲ 放大電路的類別與失真情況

除此之外，還有所謂的**D類放大（數位放大器）**這種放大電路（**參照** ㉛）。不過，這並不是依照動作點位置命名的放大電路。

38 功率放大電路的優點與缺點的消除

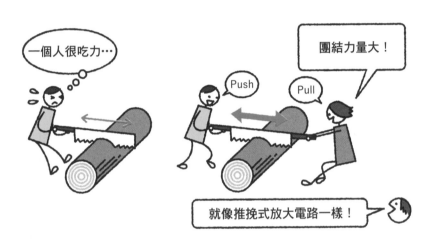

A類放大

功率放大電路可以得到很大的輸出。在**A類放大**中，為了將輸入訊號的整個週期（正負兩邊）都放大，會將動作點設定在負載線的中央附近（**參照** 37 ▲動作點的設定位置與放大類別）。此時，為了獲得較大的輸出，便會使用能產生較大集極電流I_C的電晶體。

B類放大

另一方面，**B類放大**會將動作點設定在負載線的端點，所以只能夠處理輸入訊號i_b半個週期的訊號，再將其輸出。相對的，這半個週期的輸出可以有很大的振幅（p.120）。試想使用2個電晶體的

放大電路，這2個電晶體分別負責正向半週期與負向半週期。假設npn型電晶體為Tr₁，pnp型電晶體為Tr₂，這樣我們便能用Tr₁放大輸入訊號的正向半週期，用Tr₂放大負向半週期。用這種方式放大訊號的放大電路，稱為**B類推挽式放大電路**。

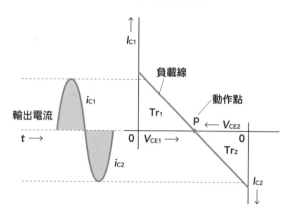

▲ B類推挽式放大電路運作特性的例子

2個電晶體與2個電源

在這種放大電路中，輸入訊號為零時，直流電流I_C為零，是其一大優點。不過為了減少失真，需準備2個特性相同的電晶體。讓我們來看看實際的電路例子。輸入訊號為正時，在電晶體Tr₁的運作下，可輸出電流i_{c1}；而當輸入訊號為負時，在電晶體Tr₂的運作下，可輸出電流i_{c2}。輸出電流i_{c1}與i_{c2}的流向相反，為了讓這2道電流順利流動，需準備2個電源E_1與E_2。

在這個電路中，輸出阻抗的數值接近揚聲器的輸入阻抗（約4～8Ω），所以即使不使用阻抗匹配電路（輸出變壓器等）也能直接接上揚聲器。因為有這個優點，所以許多聲音處理機器的放大器常會用到B類推挽式放大電路。

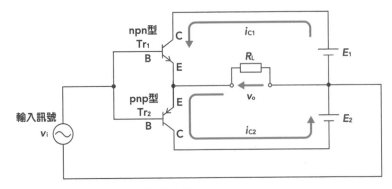

▲ B類推挽式放大電路的基本原理

解決B類推挽式放大電路的一個缺點

如果採用B類推挽式放大電路,可高效率地獲得很大的輸出訊號,但卻有「需要使用2個電源」的缺點。不過只要使用電容,就能消除這個缺點了。在這個電路中,輸入訊號v_i為正時,由電晶體Tr_1處理訊號,輸出電流為i_{c1},此時會為電容C充電。而當輸入訊號v_i為負時,由電晶體Tr_2處理訊號,此時電容C會放電,產生輸出電流i_{c2}。

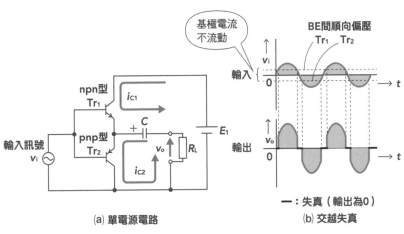

(a) 單電源電路　　(b) 交越失真

▲ B類推挽式放大電路的例子

解決B類推挽式放大電路的另一個大缺點

如同前述,我們解決了「需要2個電源」這個缺點,但B類推挽式放大電路還有一個很大的缺點。那就是當輸入電壓比電晶體的順向偏壓小時,基極沒有電流產生,所以無法放大,這樣會使放大訊號失真,稱為**交越失真**。為了解決這個缺點,需要用到二極體。利用二極體D_1、D_2的順向偏壓,在各個電晶體的基極端子加上**偏壓**V_{BB}即可(**參照** ㉟ 使用電晶體的放大電路)。

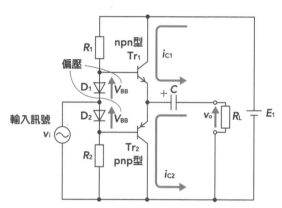

▲ 解決交越失真問題的電路例子

另外,在功率放大電路中的電晶體或FET加上**散熱片**,也能提高放大的效率。

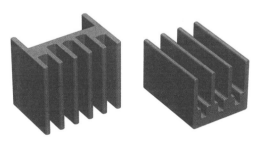

▲ 散熱片外觀的例子

放大

39

將輸出訊號的反相訊號
送回輸入端的
負回授放大電路

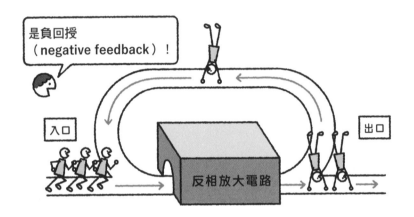

是負回授
（negative feedback）！

入口

出口

反相放大電路

2種回授放大

 **回授放大電路**是將輸出訊號的一部分送回至輸入端，以放大訊號的電路。回授放大有以下2種。

- **正回授**：將輸出訊號的一部分以相同的相位送回輸入端，以增強放大電路的輸入訊號。
- **負回授**：將輸出訊號的一部分以相反的相位送回輸入端，以減弱放大電路的輸入訊號。

回授率

正回授使用的是振盪電路（ 參照 41 ）等電路。這裡讓我們來說明負回授所使用的放大電路的特徵。

讓我們來看看如何使用**反相放大電路**（p.115）來建構負回授放大電路吧。因為是**回授電路**，所以輸出的一部分會回到輸入端。因為使用的是電壓放大度為–A的反相放大電路，所以輸出的相位不會改變，而是直接回到輸入端，形成負回授。回授的比率稱為**回授率**F。

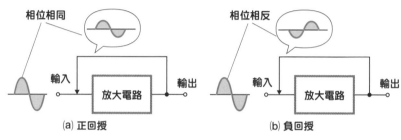

▲ 回授放大

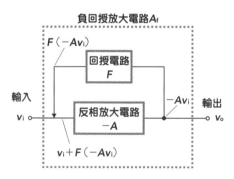

▲ 負回授放大電路的電路範例

電壓放大度

此時，負回授放大電路的電壓放大度A_f的計算如下所示。

$$A_\mathrm{f} = \frac{v_\mathrm{o}}{v_\mathrm{i}} = \frac{-A}{1 + AF}$$

在這個式子中，將反向放大電路的電壓放大度（−A）除以一個比1大的數值（1+AF）。也就是說，負回授放大電路的電壓放大度A_f會比A還要小。這是負回授放大電路的缺點。不過，這個缺點也伴隨著一些優點。

〈負回授放大電路的優點〉

- **頻帶**：可穩定放大的頻率範圍較廣。
- **雜訊**：不易受到雜訊影響。
- **阻抗**：可改變輸入或輸出的阻抗。

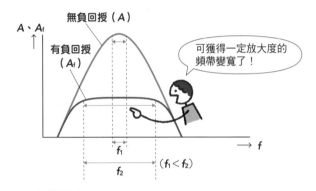

▲ 頻帶擴大

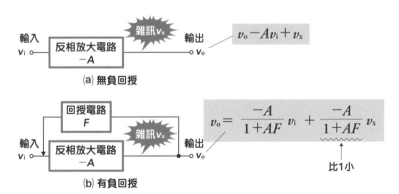

▲ 雜訊的影響

改變阻抗

此外，如果改變回授電路的連接方式，就能夠改變輸入輸出的阻抗。

前面曾說明過電晶體的共射極放大電路、FET的共源極放大電路（p.115）、運算放大器的反相放大電路（p.103），這些放大電路的輸出相位皆與輸入相反，接回輸入端時不須改變輸出的相位，就能建構出負回授放大電路。以下以共射極放大電路為例，來說明負回授的電路。與電晶體的射極端子接觸的電容C_E，有著「僅讓交流電訊號通過」的功能，也稱為旁路電容。

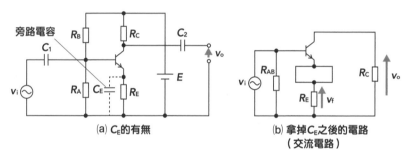

(a) C_E的有無

(b) 拿掉C_E之後的電路（交流電路）

▲ 共射極放大電路

若拿掉旁路電容C_E，可使輸出電壓的一部分v_f施加於電阻R_E，回到輸入端，這樣便能建構出負回授放大電路。此時，不管是輸入還是輸出，皆與電阻R_E串聯，增加輸入阻抗與輸出阻抗。另外，雖然放大度較低，不過作為交換，這種電路有著「可穩定放大的頻帶變寬」、「雜訊較少」等優點。

電源

40 用電源電路將交流電轉換成直流電

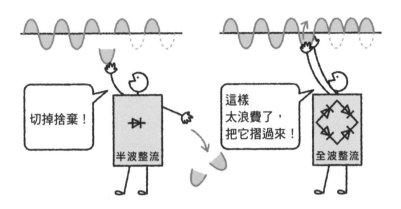

切掉捨棄！

半波整流

這樣太浪費了，把它摺過來！

全波整流

電源電路的構成

這 裡要說明的是將交流電轉換成直流電的**電源電路**。

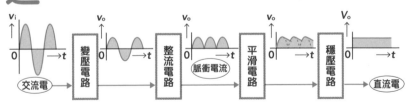

▲ 電源電路的例子

- **變壓電路**：使用變壓器改變交流電的電壓。
- **整流電路**：將交流電轉換成**脈衝電流**。

- **平滑電路**：將脈衝電流的電壓平滑化。
- **穩壓電路**：輸出穩定的直流電壓。

變壓器可以依照線圈圈數的比例，改變交流電的電壓（變壓電路）。

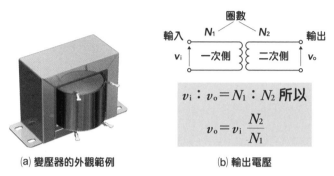

(a) 變壓器的外觀範例　　　　(b) 輸出電壓

▲ 變壓器可以改變交流電電壓

整流

我們在Chapter 3的㉒「二極體的用途」說明過**整流**是什麼。將交流電輸入至二極體後，二極體只會讓順向電流通過並輸出（整流電路）。這個輸出電流叫做脈衝電流。

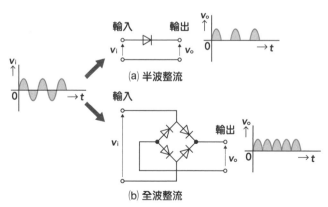

(a) 半波整流

(b) 全波整流

▲ 二極體的整流功能

131

使用1個二極體的**半波整流**，只能轉換交流電的一半週期。另一方面，使用由4個二極體組成的整流電路「橋式電路」的**全波整流**，可以轉換交流電的整個週期。

而平滑電路則是利用電容的充放電功能，將脈衝電流轉換成直流電。

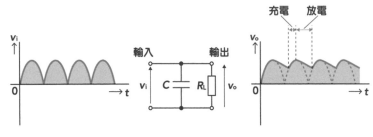

▲ 平滑電路的例子

穩 壓 電 路

轉換後的電流大小可能會隨時間變動，但一般會希望電壓能夠保持穩定。因此會使用電晶體或穩壓二極體（**參照** ㉓）建構穩壓電路。此外，**三端子穩壓器**（**參照** ㉚）這種IC化的穩壓電路在使用上也相當方便。

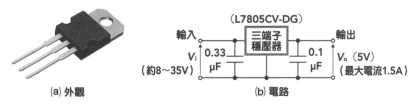

(a) 外觀　　　　　　　　　　　　(b) 電路

▲ 三端子穩壓器的例子（L7805CV-DG）

切換式調整方式

在前面說明的電源電路中，變壓電路通常都相當龐大，使用很重的變壓器。不過，**切換式調整方式**的電源電路不會用到這種變壓電路。切換式調整方式使用FET等電子開關，目的是為了獲得直流電壓。下圖中，電子開關S可以切換ON/OFF。若S保持OFF，則輸出電壓V_o為0V（下圖①）；若S保持ON，則輸出電壓V_o與輸入電壓V_i相同（下圖②）。

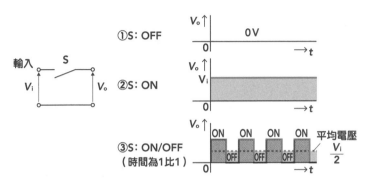

▲ 開關的例子

切換ON/OFF

接下來讓我們試著快速切換ON與OFF，並保持每次切換的間隔時間固定。此時，輸出電壓V_o的平均電壓會是輸入電壓V_i的一半（上圖③）。只要改變ON與OFF的時間長度比，就能夠調整輸出電壓的平均電壓，得到目標電壓。切換式調整方式的缺點包括電路複雜、輸出容易混入雜訊，卻也有著耗電量低，適合用於建構小型電源電路等優點而被廣泛使用。

41

由揚聲器的回授音學習振盪機制

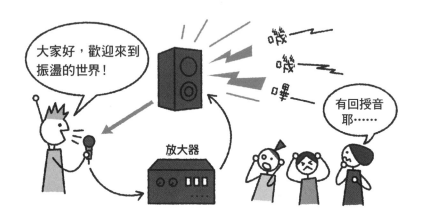

輸出訊號放大的極限

使用體育館等場地的麥克風與放大器（放大電路）時，各位有沒有聽過從揚聲器傳來「嗶—、嘰—」等不舒服的聲音呢？這種現象叫做**回授音**。從麥克風輸入的聲音經過放大後由揚聲器輸出。這個輸出會再作為輸入送回麥克風，進一步放大。這種循環與**正回授放大**（**參照** ㊴）做的事相同。因此訊號會越來越強。然而，放大電路可輸出的訊號強度有其限制，無法放大到無限大。輸出訊號的強度最終會達到**饱和**，振幅固定不變。這個過程稱為**振盪**。

運用振盪

　　電子電路中的非預期振盪可能會產生錯誤，必須盡可能避免。

但如果妥善利用振盪，便能生成特定頻率的訊號。

運用振盪現象生成特定頻率的訊號並加以輸出的電路，稱為**振盪電路**。振盪電路可以用於電子時鐘、通訊器材等，是相當重要的電路。

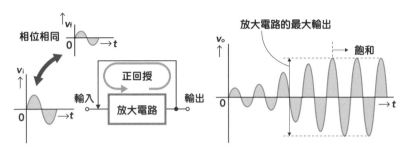

▲ 振盪的原理

電腦的基本訊號

電腦會依照**時脈（工作頻率）**這種基本訊號的節奏來運作。這種基本訊號就是由振盪電路生成。舉例來說，如果電腦的規格標註「時脈2GHz」，就表示電腦最快可以用這個節奏運作。不過除了時脈之外，還有許多因素會影響電腦的運作速度，所以時脈當作一個參考即可。

▲ 振盪電路的應用

42 如何操控振盪電路？

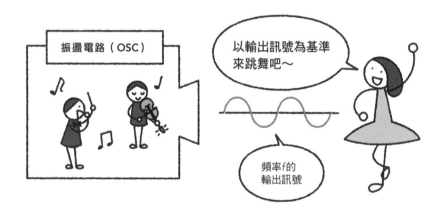

振盪電路的種類

振盪電路（OSC）有以下種類。

- **RC振盪電路**：用於正回授的移相電路，會使用電阻R以及電容C。
- **LC振盪電路**：用於正回授的移相電路，會使用線圈L以及電容C。
- **石英振盪電路**：使用石英振盪器，精密度與穩定度皆有優異表現。

為了產生振盪，通常必須使用正回授放大（ **參照** ③⑨），也就是將與輸入訊號相位相同的輸出訊號送回至輸入端。使用運算放大器（ **參照** ③①）或共射極放大電路等反相放大電路（p.115）時，回授電路會將輸出訊號的相位錯開半個週期（180°）再送至輸入端。此時使用回授電路的目的是錯開相位，因此叫做**移相電路**。使用電容或線圈便能錯開交流電訊號的相位。舉例來說，下方的移相電路最多可錯開90°，所以若要錯開180°，需要3段移相電路才行。

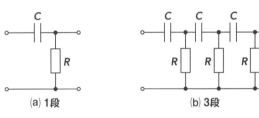

(a) **1段**   (b) **3段**

▲ **移相電路的例子**

4

來看看類比電路

ＲＣ振盪電路與ＬＣ振盪電路

使用電阻與電容的移相電路叫做**RC振盪電路**，適用於低頻率的振盪。

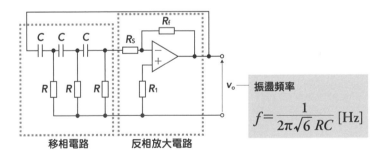

振盪頻率

$$f = \frac{1}{2\pi\sqrt{6}\,RC}\ [\mathrm{Hz}]$$

移相電路   反相放大電路

▲ **使用運算放大器的RC震盪電路例子**

使用線圈與電容的移相電路叫做**LC振盪電路**，適用於高頻率的振盪。依照線圈與電容的配置不同，可建構出不同的振盪電路。

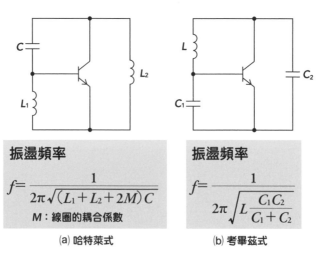

振盪頻率

$$f = \frac{1}{2\pi \sqrt{(L_1 + L_2 + 2M)\,C}}$$

M：線圈的耦合係數

(a) 哈特萊式

振盪頻率

$$f = \frac{1}{2\pi \sqrt{L\dfrac{C_1 C_2}{C_1 + C_2}}}$$

(b) 考畢茲式

▲ LC振盪電路的例子

石英振盪器

　　高性能的振盪電路，通常會特別要求振盪頻率的精準度與穩定度等。為了達到這個要求，許多**震盪電路會使用石英振盪器**。

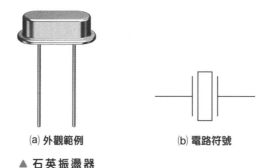

(a) 外觀範例 　　(b) 電路符號

▲ 石英振盪器

　　對**石英**施加電場後，石英會伸縮並產生特定頻率的交流電。這種現象叫做**逆壓電效應**，可應用於振盪電路。將哈特萊式與考畢茲式的LC振盪電路中的線圈，置換成可產生特定頻率的石英振盪器（X），便能建構出石英振盪電路。

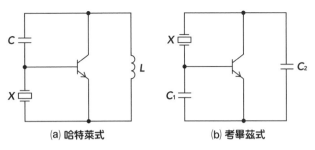

(a) 哈特萊式　　　　　　　　(b) 考畢茲式

▲ 石英振盪電路的例子

放大雜訊

　　前面提到的**回授音**（ 參照 ㊶ ）是作為輸入裝置的麥克風，將輸入的聲音多次放大後產生的現象。而本節說明的RC振盪電路、LC振盪電路、石英振盪電路等，並沒有接上麥克風之類的輸入裝置。那麼接上電源之後，這些放大電路放大的是什麼訊號呢？首先放大的訊號是**雜訊**。舉例來說，運算放大器或電晶體內部都有名為熱雜訊的各種雜訊。而在放大電路的周圍也有各式各樣的雜訊。振盪電路開始運作時，這些雜訊便會輸入並放大。輸出訊號反覆放大後，就會開始振盪。原本應該被剃除掉的雜訊，此時卻成了有用的振盪訊號。

　　若想改變輸出訊號的頻率，可以使用由**鎖相回路**（PLL）**振盪電路**建構的**頻率合成電路**。

4

來看看類比電路

43

可輕易建構出振盪電路的多諧振盪電路

無穩態的多諧振盪電路

多諧振盪電路的精準度與穩定度可能不太夠，但是一種結構相當簡單的振盪電路。多諧振盪電路有很多種，本節要說明的是**無穩態**電路。在這種電路中，有2個對稱排列的電晶體作為電子開關使用（p.83）。

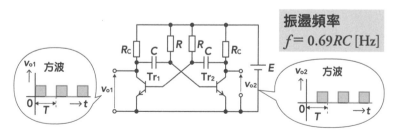

振盪頻率
$f = 0.69RC$ [Hz]

▲ 無穩態多諧振盪電路的例子

在這個電路中，於電容的充電與放電交互作用下，當一個電晶體為ON時，另一個電晶體會是OFF。而且每隔一定時間，兩者的狀態就會切換過來，並持續重複這個動作，這樣便能得到方波的輸出訊號。方波的頻率取決於電阻與電容的數值。

舉例來說，如果將2個LED依照下圖的方式連接，便可讓2個LED每隔一定時間交互閃爍。

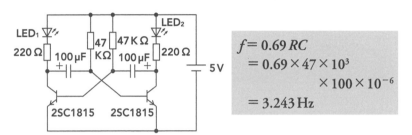

$$f = 0.69\,RC$$
$$= 0.69 \times 47 \times 10^3$$
$$\times 100 \times 10^{-6}$$
$$= 3.243\,\text{Hz}$$

▲ LED閃爍電路的例子

使用NOT電路的無穩態多諧振盪電路

無穩態多諧振盪電路是由NOT電路（**參照** ㊽）這種電子零件構成。

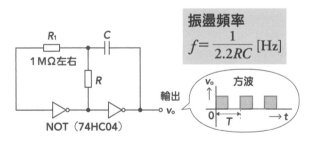

振盪頻率
$$f = \frac{1}{2.2RC}\ [\text{Hz}]$$

▲ 用NOT電路建構的電路例子

這裡介紹的電路都是用電子開關操作ON/OFF動作，因此也能視為一種數位電路。

44

濾波電路可過濾出
目標頻率的訊號

用過濾器可以萃取出美味的咖啡。

這和用濾波電路處理訊號的原理很像⋯⋯

諧振電路

濾波電路可以從原始訊號中，抽取出目標頻率的訊號。先讓我們來看看與濾波電路原理有關的**諧振電路**。

- **串聯諧振電路**：線圈與電容串聯構成的諧振電路，諧振時的阻抗最小。
- **並聯諧振電路**：線圈與電容並聯構成的諧振電路，諧振時的阻抗最大。

　　p.143的上圖為**串聯諧振電路**接上交流電源v後形成的電路。這個串聯諧振電路的等效阻抗會隨著交流電源v的頻率f而改變。

當f滿足**諧振頻率**f_0的公式時，稱為**諧振**狀態，此時的等效阻抗Z**最小**。另一方面，在**並聯諧振電路**中，當f滿足**諧振頻率**f_0的公式時，即諧振狀態下，等效阻抗Z**最大**。

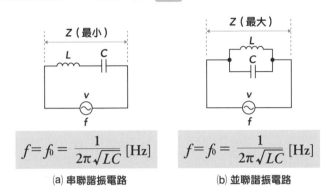

$$f = f_0 = \frac{1}{2\pi\sqrt{LC}}\ [\text{Hz}]$$

(a) 串聯諧振電路

$$f = f_0 = \frac{1}{2\pi\sqrt{LC}}\ [\text{Hz}]$$

(b) 並聯諧振電路

▲ 諧振電路

並聯諧振電路的使用時機

　　並聯諧振電路是一種能從原始訊號中，抽取出目標頻率訊號的濾波電路。我們需依照目標頻率f_0的大小，決定L與C的數值。這時我們設定的並聯諧振電路的等效阻抗Z，對於頻率為f_0的訊號而言為最大阻抗。所以f_0的訊號難以通過並聯諧振電路，而是會出現在輸出端子。不過，對於f_1、f_2等其他頻率的訊號而言，Z並不是最大阻抗，所以會通過並聯諧振電路而不會輸出。

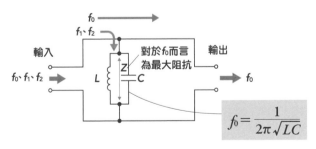

$$f_0 = \frac{1}{2\pi\sqrt{LC}}$$

▲ 以諧振電路作為濾波電路的例子

　　用這種方式建構的濾波電路有個缺點，那就是抽取出的訊號較弱。所以一般會再加上放大電路，使濾波電路能將抽取出目標頻率的訊號放大後輸出。這裡讓我們來說明使用運算放大器（**參照** ㉛）的3種濾波電路。

- **LPF**（低通濾波器）：抽出小於某個頻率的訊號。
- **HPF**（高通濾波器）：抽出大於某個頻率的訊號。
- **BPF**（帶通濾波器）：抽出某個頻率範圍內的訊號。

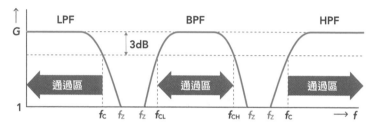

▲ 濾波電路的特性

　　當增益小於3dB時，放大程度相當小，可視為沒有被抽出。增益小於3dB時的頻率，稱為**截止頻率**f_C。而當增益G為0dB（放大度1），即訊號沒有被放大時的頻率，則稱為**零交越頻率**f_Z。

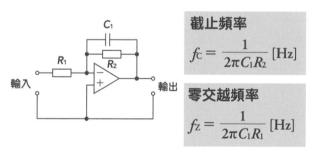

截止頻率

$$f_C = \frac{1}{2\pi C_1 R_2} \, [\text{Hz}]$$

零交越頻率

$$f_Z = \frac{1}{2\pi C_1 R_1} \, [\text{Hz}]$$

▲ LPF電路的例子

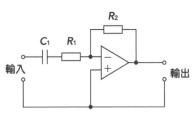

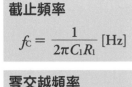

截止頻率

$$f_C = \frac{1}{2\pi C_1 R_1} \ [\text{Hz}]$$

零交越頻率

$$f_Z = \frac{1}{2\pi C_1 R_2} \ [\text{Hz}]$$

▲ HPF電路的例子

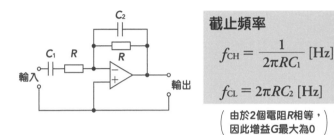

截止頻率

$$f_{CH} = \frac{1}{2\pi R C_1} \ [\text{Hz}]$$

$$f_{CL} = 2\pi R C_2 \ [\text{Hz}]$$

$\left(\begin{array}{l}\text{由於2個電阻}R\text{相等,}\\\text{因此增益}G\text{最大為0}\end{array}\right)$

▲ BPF電路的例子

④
來看看類比電路

BPF電路為前述LPF電路與HPF電路串聯而成。

僅由線圈、電容等被動元件構成的濾波器,稱為被動濾波器。由運算放大器、電晶體等主動元件建構而成的濾波器,稱為主動濾波器。

這裡介紹的濾波電路稱為**類比濾波電路**。除了上述電路之外,還有用電腦進行運算處理的**數位濾波電路**。數位濾波電路可實現選擇性更為優異的濾波電路。

45 調變與解調讓我們能在遙遠的另一端聽到聲音

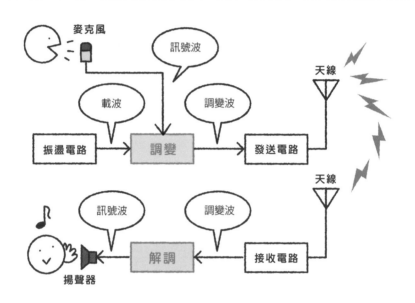

將資訊放入高頻率訊號中

請想想看該如何透過無線電波，將聲音之類的**低頻率**訊號傳送到遠方。

收發無線電波時需要天線。頻率越高（**高頻率**）的無線電波，天線就越小。不過，人類聽得見的頻率範圍大約在20Hz～20kHz之間，屬於低頻率的聲音。如果將這些資訊直接轉換成無線電波，便需要很大的天線才能收發，而且收發的效率也很差。所以傳送這些資訊時，一般會使用高頻率訊號作為**載波**，將聲音的資訊放入載波中再傳送。聲音等想要傳送的資訊所構成的波，稱為**訊號波**。將訊號波放入載波中搬運的處理稱為**調變**。調變之後的訊號則稱為**調**

變波。

- **載波**：負責搬運資訊的高頻率訊號。
- **訊號波**：欲搬運資訊的訊號。
- **調變波**：將訊號波放入載波後的訊號。

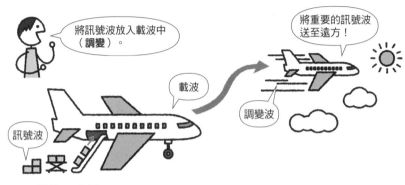

▲ 調變的示意圖

　　收訊方需要進行**解調**處理，將訊號波從調變波中取出。也就是說，發訊方的調變與收訊方的解調，可以想成是相反的處理方式。

- **調變**：將訊號波放入載波中的處理（發訊方）。
- **解調**：從調變波中取出訊號波的處理（收訊方）。

調變有數種方式。

- **類比調變方式**：載波、訊號波皆為類比訊號。
- **數位調變方式**：載波為類比訊號、訊號波為數位訊號。
- **脈衝調變方式**：載波為數位訊號、訊號波為類比訊號。

類比調變方式的基礎

　　上述3種調變方式還可以再細分。這裡要介紹的是載波、訊號波皆為類比訊號的**類比調變方式**的基礎。

　　我們假設載波v_c為正弦波（sin波）。正弦波可以表示成以下式子。

$$\text{載波 } v_c = \underset{\text{振幅}}{V_{cm}} \sin(2\pi \underset{\text{頻率}}{f_c} t + \underset{\text{相位}}{\theta})\,[\text{V}]$$

▲ 表示載波（正弦波）的式子

　　上述式子中的π為圓周率（常數），t為載波的時間。決定載波狀態的3個要素為**振幅**V_{cm}、**頻率**f_c、**相位**θ。也就是說，若要將訊號波的資訊放入載波中，就必須讓這些訊號波的資訊反映在載波的某個要素上。

- **振幅調變**（**AM**，調幅）：使訊號波的資訊反映在載波的振幅上。
  電路較簡單，但容易受雜訊影響。
- **頻率調變**（**FM**，調頻）：使訊號波的資訊反映在載波的頻率上。
  電路較複雜，但不易受雜訊影響。
- **相位調變**（**PM**，調相）：使訊號波的資訊反映在載波的相位上。
  得到的調變波與頻率調變相似，不過頻率最大、最小的時間點不同。

調變後的樣子

　　舉例來說，振幅調變（AM）獲得的調變波，振幅會隨著訊號波的資訊而改變。p.149的示意圖為載波、訊號波皆為正弦波時，

經過各種調變方式處理後得到的調變波。

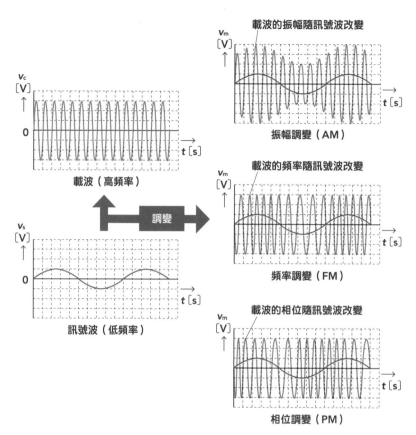

載波的振幅隨訊號波改變

v_m [V]

t [s]

振幅調變（AM）

v_c [V]

0

t [s]

載波（高頻率）

調變

載波的頻率隨訊號波改變

v_m [V]

t [s]

頻率調變（FM）

v_s [V]

0

t [s]

訊號波（低頻率）

載波的相位隨訊號波改變

v_m [V]

t [s]

相位調變（PM）

▲ 各種類比調變方式

　　經過處理後得到的調變波會依照需求送入**倍頻電路**，轉換成需要的無線電波頻率，使其可以經由天線發送。舉例來說，收音機的FM廣播便如其名所示，採用了雜訊較少、適用於發送音樂資訊的頻率調變（FM），日本收發電波的頻率為76.1～94.9MHz（註：台灣和香港為88～108MHz）。這個頻率遠比聲音的訊號波（20Hz～20kHz左右）還要高。

46

欲進一步理解訊號波，需先瞭解調變電路與解調電路的運作機制

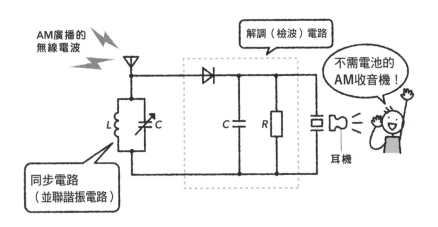

AM廣播的無線電波

解調（檢波）電路

不需電池的AM收音機！

L　C　C　R

耳機

同步電路（並聯諧振電路）

解調

將欲傳送之**訊號波**的資訊反映在**載波**上，並生成**調變波**，這個過程稱為**調變**。而相反的動作，也就是從調變波中抽取出訊號波資訊的過程，稱為**解調**（**參照** ㊺）。解調也叫做**檢波**。

調變、解調的方式有很多種，這裡要說明的是基本的**振幅調變（AM）**，以及其調變波的解調。

振幅調變

　　振幅調變是依照訊號波的資訊變化，改變載波的振幅後得到的調變波。也就是說，將調變波的振幅變化包起來的**包絡線**，就包含了訊號波的資訊。可進行振幅調變的電路，包括**集極調變電路**與**基極調變電路**等。

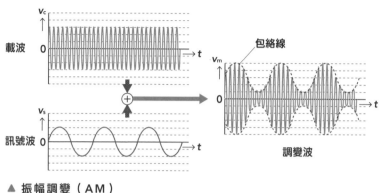

▲ 振幅調變（AM）

　　集極調變電路是利用電晶體放大載波，使輸出訊號的振幅隨著訊號波的振幅變化，藉此生成調變波的電路。線圈T_3與電容C構成之LC電路的諧振頻率，必須與載波的頻率相同。如此一來，輸出的調變波頻率便與載波相等，而且調變波的振幅也反映了訊號波的資訊。

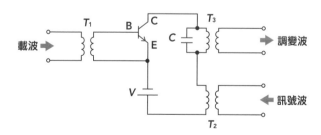

▲ 集極調變電路

因為訊號波是從電晶體的集極端子輸入，所以叫做集極調變電路。這種調變電路需要很大的電力，卻能得到失真很少的調變波。

　　在**基極調變電路**中，載波與訊號波一起輸入至電晶體放大後，再輸出調變波。因為是從電晶體的基極端子輸入訊號波，所以叫做基極調變電路。線圈T_2與電容C構成之LC電路的諧振頻率，必須與載波的頻率相同。如此一來，輸出的調變波頻率便與載波相等。這種調變電路可調變振幅較小的訊號波，但調整起來並不容易，而且調變波容易失真，為這種電路的缺點。

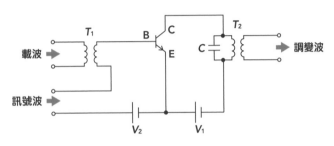

▲ 基極調變電路

振幅調變波的解調

　　我們可以利用二極體的順向特性（**參照** ㉑），將振幅調變後的調變波進行解調（檢波）。因為通常處理的是高頻率訊號，所以檢波用二極體有個條件，那就是**接面電容**（與電容的電容值類似）必須較低，例如**鍺點接觸二極體**或**肖特基能障二極體**等。較小的調變波會使用二極體特性的彎曲部分進行檢波，不過一般會使用二極體特性的直線部分進行**線性檢波**。

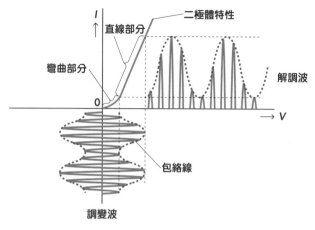

二極體特性

直線部分

彎曲部分

解調波

0

→ V

調變波

包絡線

▲ 線性檢波的機制

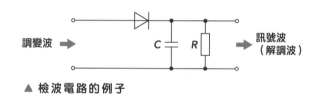

調變波 →

C R

→ 訊號波（解調波）

▲ 檢波電路的例子

　對於高頻率的訊號而言，檢波電路的電容C的阻抗很小，因此可去除載波。此外，電容C與電阻R構成的充放電電路，有著擷取出包絡線形狀的功能。

　這個檢波電路與半波整流電路（p.132）的結構相同。

幫助我們瞭解交流電電壓如何改變的示波器

　　與電路有關的各種**測定器**種類繁多，例如**三用電表**就是一種很常用的基本測定器。三用電表有**類比型**與**數位型**2種。類比型三用電表一般是用來測量電阻值、直流電（電壓、電流）、交流電（電壓）等。數位型三用電表除了可測量上述數值之外，還可測量電容值、線圈電感值、交流電（電流、頻率）等。

　　試想測量交流電電壓的情況。交流電的電壓強度與極性會隨著時間改變，三用電表可測量到的交流電電壓強度為**有效值**（**參照** 專欄2）。若想觀測交流電的波形，可以使用**示波器**。示波器可觀測到電壓（縱軸）隨著時間（橫軸）的變化，即電壓的波形。

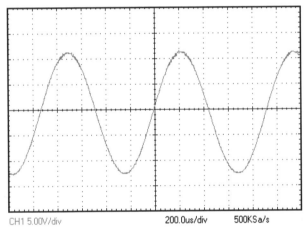

CH1 5.00V/div　　　　　200.0us/div　　500KSa/s

▲ 用示波器觀測波形的例子

　　目前數位型示波器為主流。市面上已可用便宜的價格購買到能進行複雜數學分析（快速傅立葉轉換等），且可與電腦連線處理資料的產品。

5

來看看
數位電路

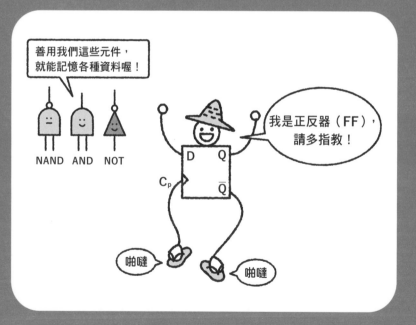

47

欲理解電腦運作原理，需先瞭解邏輯運算

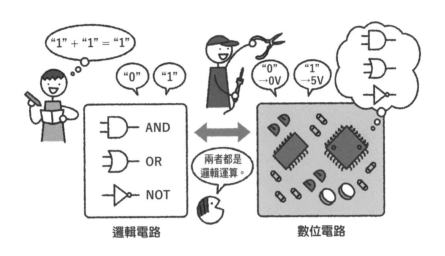

邏輯電路　　　　　　　　　　數位電路

數位電路與邏輯電路

數位電路指的是處理「0」與「1」等數位訊號的電子電路。數位電路會將訊號換成實際的電壓數值，例如將「0」轉換成0V、將「1」轉換成5V之類，再進行處理。

另一方面，**邏輯電路**不一定是實際的電子電路，而是以邏輯方式思考數位訊號處理的電路。邏輯電路不需要具體的電壓數值，而是直接使用數位訊號「0」與「1」。

雖然可能有點難以理解，不過實務上常會將數位電路與邏輯電路視為同一種東西，沒有必要特別去區分兩者。

算術運算與邏輯運算

我們日常生活中所做的計算，如2 + 5 = 7，稱為**算術運算**。另一方面，以數位訊號為對象的計算，稱為**邏輯運算**。

- **算術運算**：以四則運算（+、－、×、÷）為基礎的計算。
- **邏輯運算**：以0與1為對象的計算，例如AND、OR、NOT 等等。

「邏輯」聽起來好像很難，但其實邏輯運算比算術運算簡單。舉例來說，以算術運算計算6 + 8 = 14時，需要從個位數**進位**到十位數。而在做減法時，有時需要從高位數**借位**才能相減。不過邏輯運算並非如此。以1與1的邏輯加法為例，兩者相加後不會進位，位數也不會改變，運算結果仍為1個位數。AND、OR、NOT等邏輯運算的具體運算方式，會在之後的章節中詳細說明。

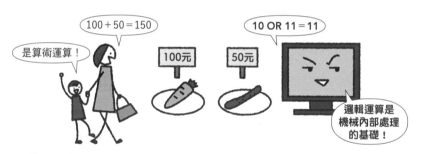

▲ 算術運算與邏輯運算

電腦可透過內部的邏輯電路（數位電路），在一瞬間完成複雜的邏輯運算。不過，如果將電腦內部的邏輯運算適當地排列組合，也能用電腦迅速得到算術運算的答案。因此，要理解電腦的運作原理，必須瞭解邏輯運算的知識。

48 基本邏輯電路的整理與思考

邏輯電路的基本概念

來　看看幾個邏輯運算中的基本**邏輯電路**吧。舉例來說，試想一個輸入與輸出各有一個端子的邏輯電路。邏輯電路的輸入與輸出訊號只能為「0」或「1」。這個邏輯電路會依照以下規則處理資訊。

- 輸入為「0」時，輸出為「1」。
- 輸入為「1」時，輸出為「0」。

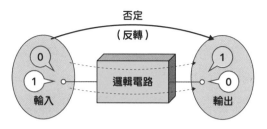

▲ 邏輯電路的例子

　　輸入輸出的規則可以整理成**真值表**，說明處理方式的式子稱為**邏輯式**。這個邏輯電路可否定（反轉）輸入值。在數位訊號的世界中，只有「0」或「1」，而「0」經否定後會變成「1」；「1」經否定後會變成「0」。這種邏輯運算稱為**邏輯反（NOT）**，在邏輯式中以－（bar）表示。

真值表

輸入A	輸出F
0	1
1	0

邏輯式

$$F = \overline{A}$$

▲ 邏輯反（NOT）電路

　　可進行邏輯運算的基本邏輯電路包括**邏輯及（AND）**、**邏輯或（OR）**等電路。

▼ **基本邏輯電路1**

邏輯運算	NOT（邏輯反）	AND（邏輯及）	OR（邏輯或）
電路符號 MIL	A —▷o— F	A, B —D— F	A, B —D— F
電路符號 JIS	A, B —[1]o— F	A, B —[&]— F	A, B —[≧1]— F
邏輯式	$F = \overline{A}$	$F = A \cdot B$	$F = A + B$
真值表	A F 0 1 1 0	A B F 0 0 0 0 1 0 1 0 0 1 1 1	A B F 0 0 0 0 1 1 1 0 1 1 1 1

至於邏輯電路的符號，產業界一般使用的是 **MIL**（美國軍用規格）標準，而日本的資格考試則可能會使用 **JIS**（日本產業規格）標準。

邏輯及與邏輯或

邏輯及（AND）電路有2個以上的輸入端子，並將輸入訊號相乘後輸出。輸入與輸出的關係和算術運算中的乘法相同。

邏輯或（OR）電路有2個以上的輸入端子，並將輸入訊號相加後輸出。要注意的是，當輸入全部都是「1」時，「1」與「1」的邏輯或仍為「1」（「1」＋「1」＝「1」）。

邏輯或的運算並不像算術運算的加法那樣1＋1＝2。在邏輯運算的世界中，「0」可視為無資訊，「1」可視為有資訊。所以「1」＋「1」即為「有資訊」＋「有資訊」，運算結果仍為「有資訊」的「1」。

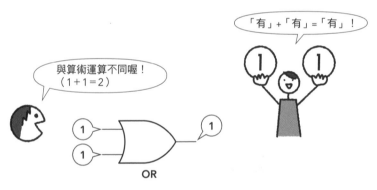

▲ 邏輯或（OR）的邏輯運算

邏輯反（NOT）電路有1個輸入端子與1個輸出端子。邏輯及（AND）電路與邏輯或（OR）電路同樣只有1個輸出端子，卻可以有3個以上的輸入端子。即使輸入端子有3個以上，邏輯運算的規則也與有1個輸入端子時相同。

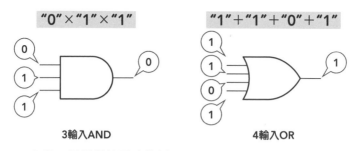

"0"×"1"×"1"

"1"+"1"+"0"+"1"

3輸入AND

4輸入OR

▲ 多輸入邏輯運算電路的例子

邏輯反及與邏輯反或

此外，基本邏輯電路還包括**邏輯緩衝（BUF，buffer）**、**邏輯反及（NAND）**、**邏輯反或（NOR）**等。這些邏輯電路分別會輸出**邏輯反（NOT）**、**邏輯及（AND）**、**邏輯或（OR）**之運算結果的邏輯否定值。

邏輯運算	Buffer（邏輯緩衝）	NAND（邏輯反及）	NOR（邏輯反或）
電路符號 MIL	A —▷— F	A B —⊐o— F	A B —⊐o— F
邏輯式	$F=A$	$F=\overline{A \cdot B}$	$F=\overline{A+B}$
真值表	A F 0 0 1 1	A B F 0 0 1 0 1 1 1 0 1 1 1 0	A B F 0 0 1 0 1 0 1 0 0 1 1 0

▲ 基本邏輯電路 2

在邏輯電路當中，會將每個處理輸入訊號、輸出的單元稱為邏輯閘（gate），因此邏輯電路也叫做**閘電路**。而乘法通常會使用「・」符號表示，而非「×」。

49 進一步思考 邏輯電路與邏輯式

邏輯式

$$F = A \cdot \overline{B} + \overline{A} \cdot B$$

邏輯電路

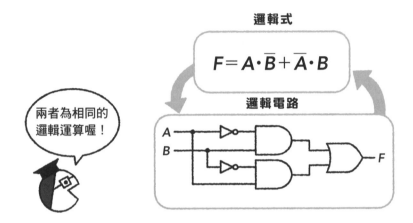

兩者為相同的
邏輯運算喔！

稍微複雜一些的邏輯電路

讓 我們試著將數個基本邏輯電路（AND、OR、NOT），組合成稍微複雜一些的邏輯電路吧。

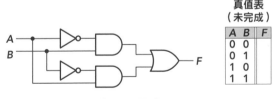

真值表
（未完成）

A	B	F
0	0	
0	1	
1	0	
1	1	

▲ 稍微複雜一些的邏輯電路

　　這個邏輯電路有2個輸入，輸入情況有4種。讓我們試著考慮4種「0」與「1」的輸入搭配情況，一起完成這個邏輯電路的**真值**

表吧。

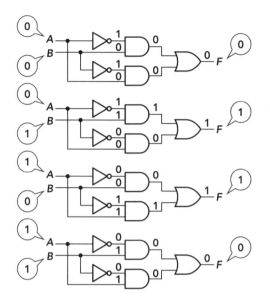

▲ 稍微複雜一些的邏輯電路運作

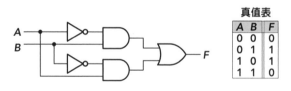

真值表

A	B	F
0	0	0
0	1	1
1	0	1
1	1	0

▲ 完成的真值表

接下來要說明的是這個邏輯電路的**邏輯式**。基本邏輯式如下方
所示。

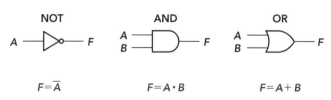

▲ 基本邏輯式

163

讓我們試著用這些基本邏輯式，來表示前面那個稍微複雜一些的邏輯電路吧。

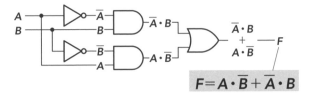

$$F=A\cdot\overline{B}+\overline{A}\cdot B$$

▲ 稍微複雜一些的邏輯電路的邏輯式

邏輯互斥或與邏輯互斥反或

綜上所述，我們可以用邏輯式來表示邏輯電路。反過來也是一樣，我們可以畫出邏輯式的邏輯電路。邏輯式與對應的邏輯電路，代表了相同的邏輯運算處理過程。

而前述「稍微複雜一些的邏輯電路」，則只有在輸入不同數值（「0」與「1」，或是「1」與「0」）的時候會輸出「1」。這種邏輯運算稱為**邏輯互斥或（EX-OR）**。邏輯互斥或也有自身專用的電路符號與邏輯式。另外還有一個與之對應的邏輯運算方式，叫做**邏輯互斥反或（EX-NOR）**。

邏輯運算	EX-OR （邏輯互斥或）	EX-NOR （邏輯互斥反或）
電路符號 MIL	A ⊐⊅— F B	A ⊐⊅o— F B
邏輯式	$F=A\oplus B$ $(F=A\cdot\overline{B}+\overline{A}\cdot B)$	$F=\overline{A\oplus B}$ $(F=A\cdot B+\overline{A}\cdot\overline{B})$
真值表	A B ‖ F 0 0 ‖ 0 0 1 ‖ 1 1 0 ‖ 1 1 1 ‖ 0	A B ‖ F 0 0 ‖ 1 0 1 ‖ 0 1 0 ‖ 0 1 1 ‖ 1

▲ 電路符號與邏輯式等

邏輯互斥反或（EX-NOR）可輸出「邏輯互斥或（EX-OR）輸出值」的邏輯反（NOT）值。

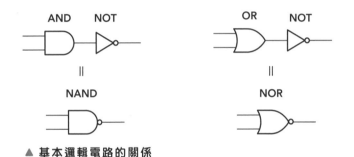

EX-OR　　NOT

＝

EX-NOR

○表示NOT。

▲ 邏輯互斥或與邏輯互斥反或

　　同樣的，邏輯反及（NAND）可輸出「邏輯及（AND）輸出值」的邏輯反（NOT）值。

AND　　NOT

＝

NAND

OR　　NOT

＝

NOR

▲ 基本邏輯電路的關係

　　至於邏輯互斥或（EX-OR）只有在輸入不同數值（「0」與「1」，或是「1」與「0」）時會輸出「1」，因此也叫做**反符合電路**。相對的，邏輯互斥反或（EX-NOR）則只有在輸入相同數值（「0」與「0」，或是「1」與「1」）時會輸出「1」，因此也叫做**符合電路**，這些電路可用於判斷2個數位訊號是否相同。這裡的例子可用於判斷2個輸入（A、B）值的異同，另外也有可用於判斷3個以上之輸入的反符合電路與符合電路。

50 由真值表理解 邏輯電路的簡化過程

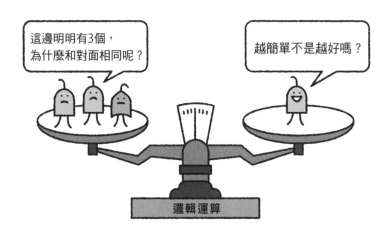

4種輸入情況

以下的邏輯電路用到了邏輯及（AND）與邏輯或（OR），並列出了真值表。

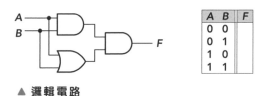

A	B	F
0	0	
0	1	
1	0	
1	1	

▲ 邏輯電路

這個邏輯電路有2個輸入，所以有4種輸入情況。讓我們試著寫出4種「0」與「1」的搭配，在輸入這個邏輯電路後分別會輸出

什麼數值。

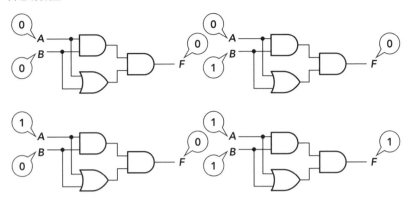

▲ 邏輯電路的運作結果

看到最後的真值表，你有什麼發現嗎？

▼ 得到的真值表

A	B	F
0	0	0
0	1	0
1	0	0
1	1	1

好像在哪裡
看過耶～

這個真值表與邏輯及（AND）的真值表（p.159）相同。也就是說，這個邏輯電路與單一個邏輯及（AND）電路的功能相同。換句話說，雖然這個邏輯電路使用了2個邏輯及（AND）與1個邏輯或（OR），但其實可以置換成單一個邏輯及（AND）電路。這樣的置換稱為**邏輯電路簡化**。

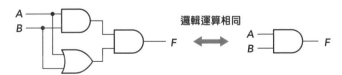

▲ 邏輯電路簡化的例子

邏輯電路簡化的規則

為了說明邏輯電路簡化的機制，讓我們先從邏輯電路的邏輯式開始思考。

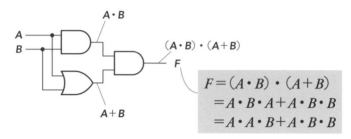

$$F = (A \cdot B) \cdot (A + B)$$
$$= A \cdot B \cdot A + A \cdot B \cdot B$$
$$= A \cdot A \cdot B + A \cdot B \cdot B$$

▲ 邏輯電路的邏輯式

就像處理類比數值的一般數學式一樣，這個邏輯電路的邏輯式經過變形之後，可以得到$F = A \cdot A \cdot B + A \cdot B \cdot B$。不過，這個邏輯式的邏輯運算只能處理「0」與「1」等數位訊號。舉例來說，

▼ 邏輯式的規則範例

名稱	公式	
公理	$1 + A = 1$ $0 \cdot A = 0$	
恆等律	$0 + A = A$ $1 \cdot A = A$	
冪等律	$A + A = A$ $A \cdot A = A$	把A換成B也一樣
互補律	$A + \overline{A} = 1$ $A \cdot \overline{A} = 0$	
對合律	$\overline{\overline{A}} = A$	
交換律	$A + B = B + A$ $A \cdot B = B \cdot A$	
結合律	$A + (B + C) = (A + B) + C$ $A \cdot (B \cdot C) = (A \cdot B) \cdot C$	
分配律	$A \cdot (B + C) = A \cdot B + A \cdot C$ $(A + B) \cdot (A + C) = A + B \cdot C$	
吸收律	$A \cdot (A + B) = A$、$A + A \cdot B = A$ $A + \overline{A} \cdot B = A + B$、$\overline{A} + A \cdot B = \overline{A} + B$	
笛摩根定律	$\overline{A + B} = \overline{A} \cdot \overline{B}$ $\overline{A \cdot B} = \overline{A} + \overline{B}$	

讓我們試著思考$A \cdot A$這個邏輯運算。數位訊號A的數值僅可能是「0」或「1」兩者之一。當A=0時，$A \cdot A=0 \cdot 0=0$。當A=1時，$A \cdot A=1 \cdot 1=1$。也就是說，在所有情況下，$A \cdot A=A$皆成立。運用這個規則，便能簡化邏輯式。

邏輯壓縮

讓我們來看看如何簡化前面求出來的邏輯式$F=A \cdot A \cdot B+A \cdot B \cdot B$。

$F=A \cdot A \cdot B+A \cdot B \cdot B$（由冪等律，$A \cdot A=A$，$B \cdot B=B$）

$=A \cdot B+A \cdot B$（由冪等律，設$A \cdot B$為X，則$X+X=X$）

$=A \cdot B$

邏輯式可對應到邏輯電路，若邏輯式能簡化，就代表其對應的邏輯電路也能重組成更簡單的電路。在這個例子中，我們可用單一個邏輯及（AND）來實現原本的邏輯式。實際用數位IC（**參照** ㉚2種IC）製作這個邏輯電路時，就不需要用到邏輯或（OR）的數位IC了。簡化邏輯電路的優點包括可以節省零件費用、降低耗電量、縮小電路規模等。邏輯式的簡化也叫做**邏輯壓縮**。

以上，我們介紹了如何透過邏輯式的變形來簡化邏輯電路。另外還有其他方法可以簡化邏輯電路，例如使用卡諾圖、運用電腦執行Quine-McCluskey演算法等等。

5

來看看數位電路

51

欲理解數位電路，需先瞭解10進位與2進位

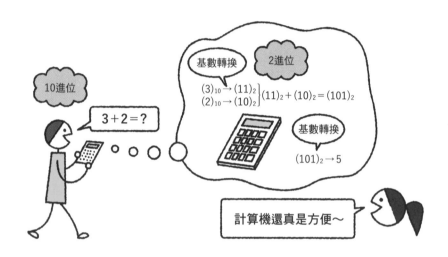

10進位

3 + 2 = ?

基數轉換　2進位

$(3)_{10} \rightarrow (11)_2$
$(2)_{10} \rightarrow (10)_2$　$(11)_2 + (10)_2 = (101)_2$

基數轉換

$(101)_2 \rightarrow 5$

計算機還真是方便～

要理解數位電路需學習2進位

我們日常生活中的計算，會用到0～9等10種數字。當某一位數的數字比9大時，就必須往前進一位，例如9 + 1 = 10。這種數字叫做**10進位**數字。

另一方面，在數位的世界中，只會用到0與1共2種數字。當某一位數的數字比1大時，就必須往前進一位，例如1 + 1 = 10。這種數字叫做**2進位**數字。也就是說，電腦內常用的數位電路無法直接處理10進位數的計算。計算機也是一種電腦。當我們按下計算機的按鍵，輸入「3 + 2 =」時，螢幕上會顯示計算結果5。這裡「3 + 2 =」的3與2皆是以10進位數表示。不過計算機內只有數位

電路，無法直接處理10進位數，因此必須將10進位數的3與2轉換成2進位數（11與10）。然後計算2進位數的11 + 10 = 101。不過，這個2進位數的計算結果101，在我們看來卻是「一百零一」的意思，所以必須將2進位數的101再轉換成10進位數的5，才能顯示在螢幕上。

計算機相當方便，就算使用者不知道如何計算2進位數，也能操作計算機算出答案。不過，如果想理解數位電路的運作原理，就必須瞭解2進位數。

▼ 10進位數與2進位數的對應

10進位	2進位	10進位	2進位
0	0	7	111
1	1	8	1000
2	10	9	1001
3	11	10	1010
4	100	11	1011
5	101	12	1100
6	110	13	1101

位數＝bit

在唸出2進位的數值時，必須一位一位唸。舉例來說，2進位的101唸做「一、零、一」，10進位的101則唸做「一百零一」。若要明確表示這是2進位數，可以寫成 $(101)_2$。另外，一般會將2進位數的每個位稱為**bit**（位元）。例如 $(101)_2$ 就是3個位元的2進位數。

接著讓我們來看看2進位數的四則運算例子吧。在2進位數當中，1 + 1的答案不是2。計算1 + 1時需進位，得到10。

$$\begin{array}{r} 11 \\ +\!\!\begin{array}{r}\,1\\\hline 100\end{array}\end{array}$$
（加）

$$\begin{array}{r} 10 \\ -\!\!\begin{array}{r}\,1\\\hline 1\end{array}\end{array}$$
（減）

$$\begin{array}{r} 10 \\ \times\!\!\begin{array}{r}11\\\hline 10\end{array} \\ +\!\!\begin{array}{r}10\\\hline 110\end{array}\end{array}$$
（乘）

$$\begin{array}{r} 11 \\ 10\overline{)110} \\ \underline{10} \\ 10 \\ \underline{10} \\ 0 \end{array}$$
（除）

▲ 2進位數的四則運算例子

基數轉換

　　10進位數的10與2進位數的2叫做**基數**。將一個數的基數換成另一個基數，叫做**基數轉換**。舉例來說，10進位數的5經過基數轉換，改以2為基數時，便會得到101。反過來說，2進位數的101經過基數轉換，改以10為基數時，便會得到5。

▲ 基數轉換的例子

2進位數→10進位數的基數轉換

　　一個10進位數可分解如下。

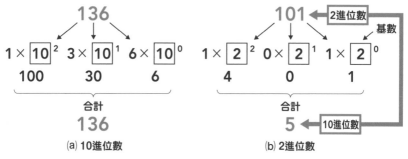

(a) 10進位數　　　　　(b) 2進位數

▲ 數字分解的例子

我們可以用相同的概念來分解2進位數。由以上方法，便可將2進位數的101經過基數轉換，轉變成10進位數的5。

10進位數→2進位數的基數轉換

將10進位數連續除以2。每次除以2後得到的餘數可能為0或1。在商等於0之前一直除下去，並將每次相除後得到的餘數排成一列，便可得到經過基數轉換成2進位數的答案。下例便是將10進位數的4轉換成2進位數的100時，基數轉換的過程。

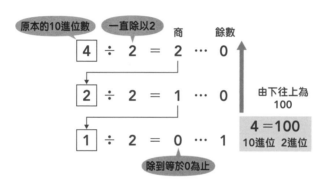

▲ 在商等於0之前一直除以2

捨入誤差

以上只有提到整數的基數轉換，但其實小數部分也可以進行基數轉換。不過小數的基數轉換有時會變得很麻煩，舉例來說，如果將10進位的0.1的基數轉換成2進位的話，就會變成0.00011 0011 0011 0011……，也就是0011無限循環下去的循環小數。數位電路無法處理這種無限位數的數字。要是數字超過預備的位數，那麼超過的部分就必須捨去，這時便會產生誤差。這種誤差叫做**捨入誤差**。電腦並非萬能，若希望得到精密的計算結果，在處理資料的時候就必須考慮到捨入誤差的影響。

52 看懂加密後的資料！
編碼與解碼

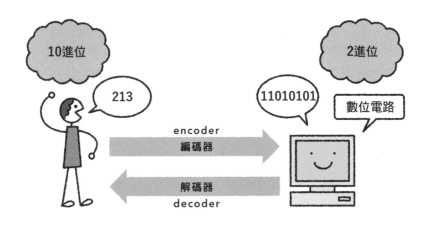

編碼與解碼

假設我們為某篇文章**加密**。原本的資料是多數人都看得懂的文章，但是加密後的資料，卻只有特定人士才能理解。此時的加密也叫做**編碼**，而編碼裝置就叫做**編碼器（encoder）**。相對的，解讀編碼後資料的裝置則稱為**解碼器（decoder）**。也就是說，編碼器與解碼器是功能相反的裝置。

- **編碼器**：為資料編碼的裝置。
- **解碼器**：解讀資料的裝置。

本節會討論我們日常使用的10進位數等編碼前的資料，以及數位電路所使用的2進位數等編碼後的資料，並介紹編碼與解碼的過程。

編碼器

試想將1位數的10進位數的基數，轉換成4位元的2進位數的數位電路。因為數位電路無法直接處理10進位數，所以需要稍加修飾。準備10個（10位元的）輸入端子，每個輸入端子分別對應到10進位的0～9。每次輸入資料時只會有1個輸入端子為1，其他9個輸入端子皆為0。輸入為1的端子所對應的數，就是輸入的10進位數。輸出為4位元的2進位數可表示16種數字[（0000）$_2$～（1111）$_2$]，不過，這裡我們只使用10種數字[（0000）$_2$～（1001）$_2$]，對應到10進位數的0～9。

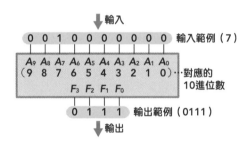

▲ 基數轉換的編碼器結構

讓我們確認一下這個編碼器的真值表。我們可以使用多個輸入的邏輯或（OR）閘，建構如p.176上圖的數位電路。

▼ 基數轉換編碼器的真值表

A_9	A_8	A_7	A_6	A_5	A_4	A_3	A_2	A_1	A_0	F_3	F_2	F_1	F_0
0	0	0	0	0	0	0	0	0	1	0	0	0	0
0	0	0	0	0	0	0	0	1	0	0	0	0	1
0	0	0	0	0	0	0	1	0	0	0	0	1	0
0	0	0	0	0	0	1	0	0	0	0	0	1	1
0	0	0	0	0	1	0	0	0	0	0	1	0	0
0	0	0	0	1	0	0	0	0	0	0	1	0	1
0	0	0	1	0	0	0	0	0	0	0	1	1	0
0	0	1	0	0	0	0	0	0	0	0	1	1	1
0	1	0	0	0	0	0	0	0	0	1	0	0	0
1	0	0	0	0	0	0	0	0	0	1	0	0	1

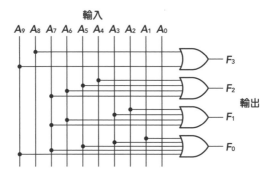

▲ 基數轉換編碼器的電路

解碼器

接下來試想可解讀4位元之2進位數，輸出1位數之10進位數的數位電路。這個解碼器的輸入端子為4位元，輸出端子為10位元，而且只有1個輸出端子會輸出1。輸出1的輸出端子所對應的數，就是解碼後得到的10進位數。

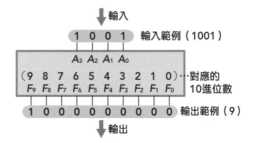

▲ 基數轉換的解碼器結構

確認一下這個解碼器運作時的真值表。

▼ **基數轉換解碼器的真值表**

A_3	A_2	A_1	A_0	F_9	F_8	F_7	F_6	F_5	F_4	F_3	F_2	F_1	F_0
0	0	0	0	0	0	0	0	0	0	0	0	0	1
0	0	0	1	0	0	0	0	0	0	0	0	1	0
0	0	1	0	0	0	0	0	0	0	0	1	0	0
0	0	1	1	0	0	0	0	0	0	1	0	0	0
0	1	0	0	0	0	0	0	0	1	0	0	0	0
0	1	0	1	0	0	0	0	1	0	0	0	0	0
0	1	1	0	0	0	0	1	0	0	0	0	0	0
0	1	1	1	0	0	1	0	0	0	0	0	0	0
1	0	0	0	0	1	0	0	0	0	0	0	0	0
1	0	0	1	1	0	0	0	0	0	0	0	0	0

我們可使用邏輯反（NOT）閘、多個輸入的邏輯及（AND）閘，建構如下的數位電路。

5

來看看數位電路

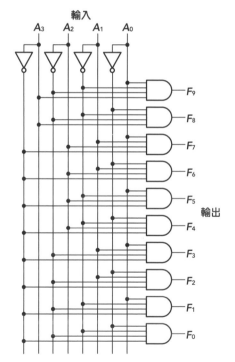

▲ **基數轉換解碼器的電路**

53 用例子理解算術運算電路

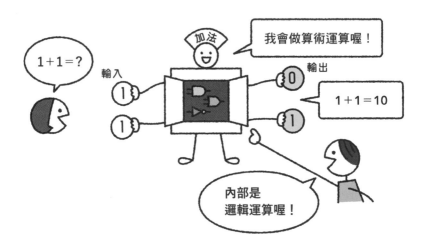

算術運算

前面我們介紹了邏輯及（AND）、邏輯或（OR）等**邏輯運算**的電路。這裡會以我們日常生活中常用的**算術運算**為例，說明加法使用的電路。舉例來說，假設我們要計算1個位元的2進位

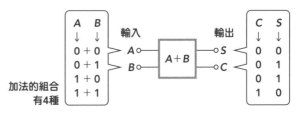

▲ 2進位的算術運算 $A+B$

數A與B的加法，即A + B的算術運算。A與B的數值可能為0或1，所以A + B的算術運算組合有4種。

因為是2進位數，所以1 + 1的加法結果為10（一零），這點請特別注意。若有一個電路，其輸入與輸出的關係和下方的真值表一致，那麼這個電路就可以用來計算A + B的加法。

▼ 算術加法的真值表（半加器、HA）

接著來建立能滿足這個真值表的邏輯運算電路。舉例來說，下方的邏輯電路(a)與(b)的輸入與輸出皆可滿足上方的真值表。

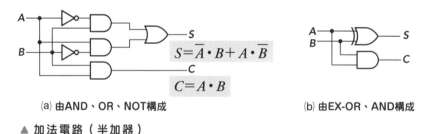

$$S = \overline{A} \cdot B + A \cdot \overline{B}$$

$$C = A \cdot B$$

(a) 由AND、OR、NOT構成　　　　　　(b) 由EX-OR、AND構成

▲ 加法電路（半加器）

上方的加法電路是運用邏輯運算建構而成。不過該電路的輸入與輸出，與算術運算的加法結果一致。綜上所述，欲使用數位電路進行算術運算時，必須建構適當的邏輯運算架構，使其能計算出需要的算術運算結果。

半加器與全加器

　　那麼，如果將這個加法電路改成3個輸入，就能計算3位元的加法嗎？答案是NO。在這個加法電路中，如果輸入是1 + 1，輸出會是10（$C = 1$，$S = 0$）。這裡端子C的輸出是往高位的進位。而計算高位的加法時，也必須考慮低位計算後的進位。也就是說，還需要一個輸入端子來輸入低位進位的數值。剛才提到的加法電路並沒有這樣的輸入端子，可以說是只有一半能力的加法電路，叫做**半加器**。有完整能力的加法電路，則叫做**全加器**。

- **半加器**（HA：half adder）：計算1位元數值的加法電路。
- **全加器**（FA：full adder）：計算多位元數值的加法電路。

　　讓我們來確認一下全加器的真值表與電路符號吧。C_i這個輸入端子是用來輸入來自低位進位的數值，C_o這個輸出端子則是用來輸出往高位進位的數值。

▼ **全加器的真值表**

A	B	C_i	C_o	S
0	0	0	0	0
0	0	1	0	1
0	1	0	0	1
0	1	1	1	0
1	0	0	0	1
1	0	1	1	0
1	1	0	1	0
1	1	1	1	1

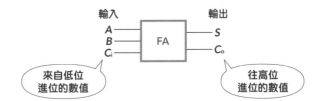

▲ 全加器的電路符號

全加器內部也是由邏輯運算的組合構成，輸入與輸出的關係和算術運算的加法一致。全加器可由2個半加器構成。

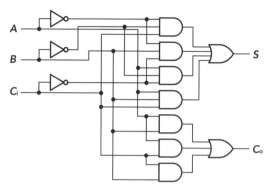

▲ 全加器的電路範例

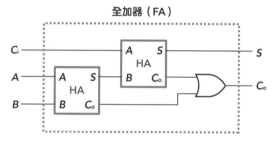

▲ 用半加器建構全加器的例子

將多個全加器串聯起來，就能計算多位元的加法了。

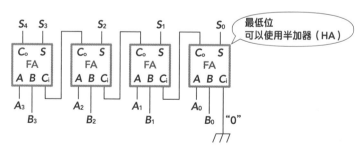

▲ 4位元的算術加法電路

54 記憶資料時 需用到什麼樣的電路？

善用我們這些元件，就能記憶各種資料喔！

NAND　AND　NOT

我是正反器（FF），請多指教！

D　Q

Cp　Q̄

啪噠　啪噠

正反器

前 面提到的邏輯電路中，只要更改輸入資料，輸出資料就會馬上改變。而且對於每一種輸入資料來說，只會有唯一的輸出資料。然而，這種電路無法用來記憶資料。不過，只要使用名為**正反器（FF：flip-flop）**的電路，就能記住數位資訊。

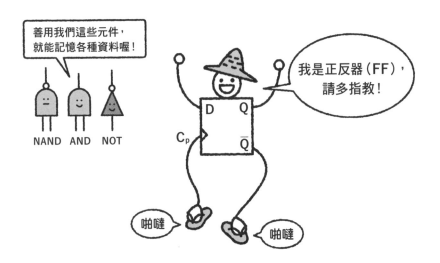

綁定的輸出資料

輸入資料　　→　　輸出資料

AND

① ①
① ①

① 1
① 0

0 ①

改變輸入時，輸出也會跟著更新。

▲ 邏輯及（AND）電路的運作範例

D-FF

FF有數個種類（**參照** ⑤），這裡會以**D-FF**為例來說明FF的運作原理。D-FF可以用基本邏輯電路建構。在該電路中，邏輯反及（NAND）的輸出會再送回輸入端，這就是記憶的關鍵機制。

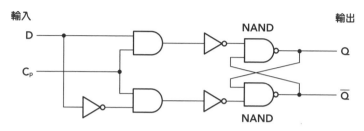

▲ D-FF的電路例子

來看看數位電路

欲記憶的資料需自輸入端的D端子輸入。C_p端子需輸入**時脈**訊號。在這個D-FF中，當時脈訊號為1時，就會將D端子獲得的資料記憶下來。而當C_p端子的時脈訊號為0時，不論D端子的資訊為何，這個D-FF都會保持過去記憶的資料。記憶中的資料可從Q端子輸出。另外，$\overline{Q}$端子則是輸出記憶資料的邏輯否定值。所以說，FF可基於時脈（與其**同步**）運作。英語的flip-flop指的是穿著夾腳拖發出啪噠啪噠聲的樣子。數位電路中的FF會讓記憶的資料啪噠啪噠地變化，所以才會有這個名稱。

實務上使用FF時，包括在時脈從0到1的瞬間同步輸入訊號的**正緣觸發**型，以及在從1到0的瞬間同步輸入訊號的**負緣觸發**型。

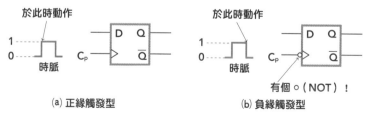

▲ D-FF的電路符號與時脈

D-FF的運作例子

我們可以用**時序圖**來表示正緣觸發型D-FF的運作。時序圖的橫軸為經過的時間，並以縱軸表示某時間點的輸入與輸出狀態。由 C_p 端子輸入的時脈訊號從0轉變成1的瞬間，D-FF會記憶從D端子輸入的訊號，我們可由Q端子確認其輸出。$\overline{Q}$ 端子則是輸出Q端子訊號的邏輯否定值。1個D-FF可以記憶1個0或1的資料，即1位元的資料。若使用多個D-FF，便能記憶多個位元數的資料。

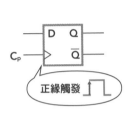 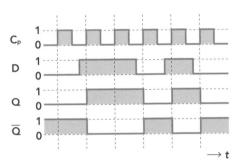

▲ D-FF的時序圖範例

移位暫存器

由4個D-FF串聯而成的**移位暫存器**是FF的應用之一。這裡不會用到 $\overline{Q}$ 端子，所以下圖會加以省略。

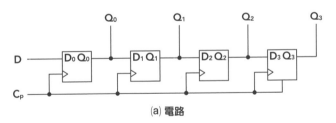

(a) 電路

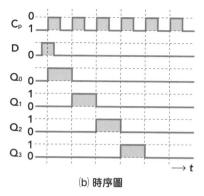

(b) 時序圖

▲ 4位元的移位暫存器

　　在C_p端子輸入的時脈訊號轉變為1的瞬間，各個D-FF會分別從D_0～D_3端子讀入資料，並從Q_0～Q_3端子輸出資料。由時序圖可以看出，一開始輸入D端子的資料會隨著時脈的輸入，陸續往右側的FF移位。這個移位暫存器有以下功能。

- 記憶資料的功能（4位元）。
- 將資料移位的功能。
- 從1位元的D端子串聯輸入的資料，可透過4位元的Q_0～Q_3端子並聯輸出，擁有串聯—並聯轉換的功能。

　　將移位暫存器縱向、橫向排列，再接上LED，便可製作成文字跑馬燈般的電子布告欄。

55 記憶資料時需用到的各種正反器

負緣觸發型的例子

在看過前一節說明的**D-FF**之後，讓我們來看看其他的**正反器（FF）**吧。這裡讓我們用負緣觸發型的FF為例來說明，它會在時脈訊號從1轉變成0時做出動作。

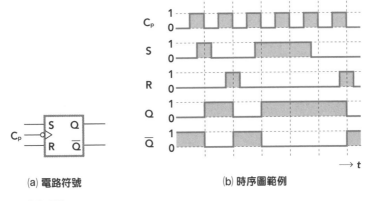

(a) 電路符號　　　　　　　(b) 時序圖範例

▲ RS-FF

- **RS-FF（SR-FF）**：端子S = 1時，記憶（set）1；而端子 R = 1時，記憶（set）0的FF。

  在RS-FF中，若輸入為S = 1、R = 1時，動作會不穩定。所以一般會避免這樣的輸入訊號。

- **JK-FF**：改善了RS-FF無法輸入S = 1、R = 1之缺點的FF。當輸入J = 1、K = 1時，便會讓記憶內容（輸出）反轉。

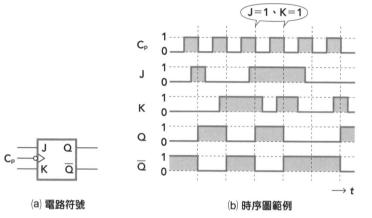

(a) 電路符號　　　　　　　(b) 時序圖範例

▲ JK-FF

- **T-FF**：每動作一次，記憶內容（輸出）就會反轉的FF。若保持JK-FF的J、K輸入端子為1，也能實現這種FF。

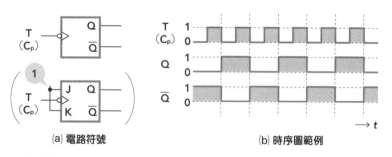

(a) 電路符號　　　　　　　(b) 時序圖範例

▲ T-FF

　　舉例來說，數數字時，必須記得前一個數是哪個數字。只要使用FF，便可建構出能數資料的**計數電路**。

56 用A-D變流器將類比訊號轉換成數位訊號

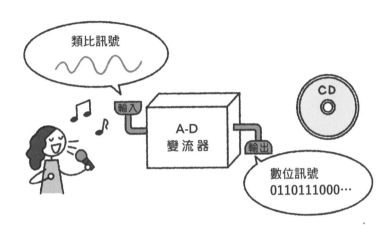

取得類比訊號數值的取樣工作

將類比訊號轉換成數位訊號的電路，或是反向轉換的電路，名稱如下。

- **A-D變流器**：將類比訊號轉換成數位訊號的電路。
- **D-A變流器**：將數位訊號轉換成類比訊號的電路。

　　本節會說明**A-D變流器**的原理。將類比訊號轉換成數位訊號時，必須取得類比訊號的數值。取得數值的過程稱為**取樣**。取樣的時間間隔稱為**取樣間隔**。取樣間隔Δt越小，可從類比訊號中取得越詳細的資訊。不過Δt越小時，資訊量也越大，轉換處理會變得更為繁瑣。

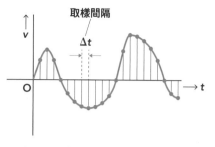

▲ 類比訊號的取樣

取樣定理

此時會用到所謂的**取樣定理**。將Δt視為週期T，則其倒數就是頻率f_s（p.21）。若取樣的f_s滿足以下的關係式，那麼取樣得到的資訊便可完全重現原本的類比訊號。

原訊號中頻率最大的波的頻率　取樣頻率

$$2 \times f_{max} \leq f_s$$

這樣就能完全重現類比訊號了！

▲ 取樣定理

由這個定理我們可以知道，如果希望取得訊號中的所有資訊，Δt需要多小才行。F_{max}為原本類比訊號的成分中，頻率最大的波的頻率。1949年時，美國的夏農（Claude E. Shannon）與日本的染谷勳各自證明了這個重要的定理。當然，如果對解析度沒有那麼要求的話，不滿足取樣定理也沒有關係。

A-D變流器有很多種，這裡要介紹的是**並聯比較方式**的A-D變流器。

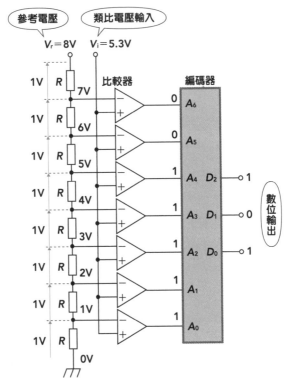

▲ 並聯比較方式的A-D變流器運作範例

上述這個電路使用的**比較器**可比較2個輸入電壓，當反轉輸入（－）≦非反轉輸入（＋）時，輸出數位訊號1，否則輸出0。建構無負回授的運算放大器（**參照** ㉛），便可實現比較器。

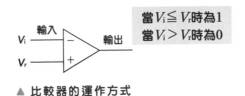

當$V_i \leqq V_r$時為1
當$V_i > V_r$時為0

▲ 比較器的運作方式

舉例來說，假設參考電壓V_r為8V。這個V_r經過8個相同數值的電阻R分壓後，各電阻的端電壓變為1V。在這個狀態下，將欲轉換成數位訊號的類比電壓（這個例子中為5.3V）作為V_i輸入。使V_i通過比較器，與分壓後的1～7V比較，比較結果為7位元（比較器的個數）的資料。此時類比訊號已轉換成數位訊號。不過，如果使用編碼器（參照 (52) 編碼器）轉換成3位元的2進位數101，就能成為較方便處理的數位訊號。這個例子的變換結果為101，寫成10進位數的話就是5。原本的類比電壓V_i只有5.3V，而5.3 – 5.0 = 0.3V，此為轉換誤差。

▼ 編碼器的真值表

輸入							輸出		
A_6	A_5	A_4	A_3	A_2	A_1	A_0	D_2	D_1	D_0
0	0	0	0	0	0	0	0	0	0
0	0	0	0	0	0	1	0	0	1
0	0	0	0	0	1	1	0	1	0
0	0	0	0	1	1	1	0	1	1
0	0	0	1	1	1	1	1	0	0
0	0	1	1	1	1	1	1	0	1
0	1	1	1	1	1	1	1	1	0
1	1	1	1	1	1	1	1	1	1

建構並聯比較方式的A-D變流器時，需要多個比較器為其一大缺點。另一方面，**快閃變流器**則可快速轉換處理訊號，就像閃光一樣，為其一大優點。

其他A-D變流器

其他A-D變流器的處理方式還包括**二重積分方式**、**逐步比較方式**等等。實際上，A-D變流器、D-A變流器已經有許多IC化產品應用於實務上。

57 用D-A變流器 將數位訊號轉換成 類比訊號

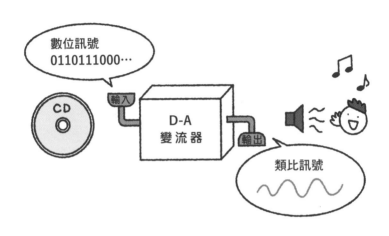

電阻分壓方式

D-A變流器是將數位訊號轉換成類比訊號的電路。本節要說明的是使用**電阻分壓方式**的D-A變流器。舉一個簡單的例子,

▼ 解碼器的真值表

輸入		輸出			
D_1	D_0	SW_3	SW_2	SW_1	SW_0
0	0	0	0	0	1
0	1	0	0	1	0
1	0	0	1	0	0
1	1	1	0	0	0

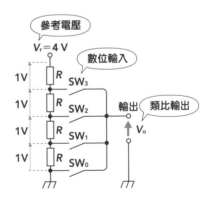

▲ 電阻分壓方式的DA解碼器電路範例

試想建構一個在輸入2位元的數位訊號後，可以輸出類比訊號的電路。這個電路的參考電壓V_r為4V，經過4個電阻分壓後，每個電阻的端電壓為1V。

輸入的2位元數位訊號，可經由**解碼器**（**參照** 52 解碼器）先轉換成4位元的資料。接著，轉換後的資料可對應到4個開關，控制$SW_0 \sim SW_3$的ON/OFF。舉例來說，如果輸入的2位元數位訊號為01，而開關$SW_0 \sim SW_3$的設定如下圖所示，那麼輸出端子便可得到類比訊號$V_o = 1V$。

▼ 輸入與輸出的關係

數位		類比
輸入		**輸出**
D_1	D_0	V_0[V]
0	0	0
0	1	1
1	0	2
1	1	3

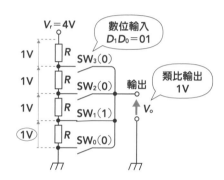

▲ 電阻分壓方式的D-A變流器運作範例

電阻分壓方式的D-A變流器需要使用解碼器，電路較複雜為其一大缺點，不過它在轉換時的解析度相當高，所以許多D-A變流器的IC會採用這種方式。

其他D-A變流器

其他D-A變流器的處理方式還包括**電流加算方式**、**梯形方式**等等。這些電路的建構並不困難，不過，電流加算方式需要使用多種精密度高的電阻，為其一大缺點。梯形方式需要使用2種電阻，每種電阻要有很多個。不管是哪種方式，大多都要與運算放大器（**參照** 31 ）一起使用。

可在低電力下運作的ＣＭＯＳ

　　NOT（邏輯反） 的基本電路，可運用電晶體在**飽和區**的**開關作用**（ **參照** ㉖ ）來加以實現[圖⒜]。當基極端子 *A* 的輸入訊號為0時，電晶體為OFF，集極端子 *F* 會輸出電壓 *V*，輸出訊號為1。而當 *A* 的輸入訊號為1時，電晶體則為ON，輸出 *F* 接地，因此輸出訊號為0。

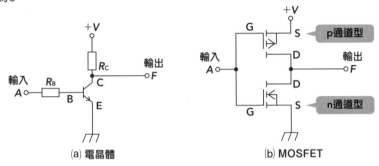

　▲ ＮＯＴ電路的例子

　　p通道型與n通道型的MOSFET可組合成NOT電路[圖⒝]。這種電路叫做**CMOS**（complementary metal oxide semiconductor），當其中一個FET為ON時，另一個FET會變成OFF。CMOS的優點是不使用電阻，與前面提到的使用電晶體的NOT電路不同。沒有電阻就不會消耗過多電力，所以CMOS的**耗電量低**。另外，CMOS的結構適合IC化，目前是NOT電路的主流。

6 電子電路 在生活中的應用

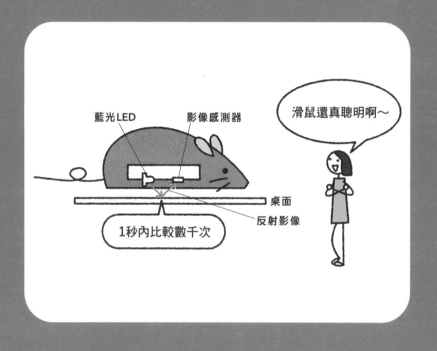

58 CD（Compact Disc）的凹凸不平記錄著祕密

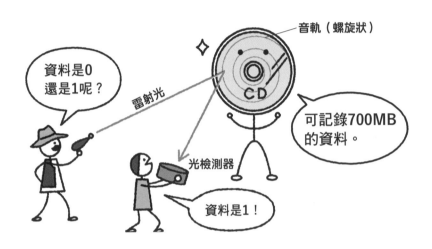

音軌（螺旋狀）

資料是0還是1呢？

雷射光

CD

可記錄700MB的資料。

光檢測器

資料是1！

比毛髮細微的結構

CD是一種記錄資料用的媒介，主要用來記錄音樂或電腦的資料。讀取資料時需用到雷射光，所以CD也叫做**光碟**。光碟包括DVD與BD，兩者的差異會在下一節中說明。

一般的CD是由直徑12cm的塑膠板製成，可記錄約700MB的資料，足以容納時長約70分鐘的貝多芬第九號交響曲。CD表面有數條由內往外繞出的螺旋狀軌道，叫做**音軌**。音軌上有**pit**（凹陷處）與**land**（平坦處）等結構。

音軌的間隔為1.6μm，pit的長度最小為0.87μm。人類毛髮的直徑約為40～100μm，由此可看出CD的結構有多微小。

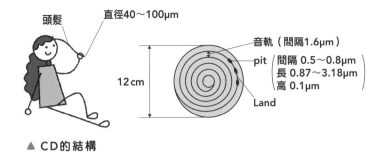

▲ CD的結構

反射光量的差異

　　雷射光會沿著光碟表面的音軌照射，再利用光檢測器檢測反射光。pit部分凹凸不平，所以反射光較少；land部分較平坦，所以反射光較多。pit意為凹陷，不過從面對雷射光的那一面看過去，則是像山一樣凸起。反射光量的差異，可以讓檢測器區分出pit與land。

- **pit**：雷射光的反射量較少。
- **land**：雷射光的反射量較多。

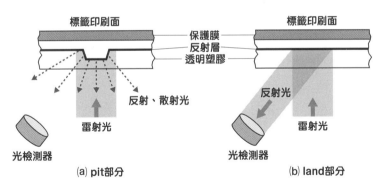

▲ 反射光量

在CD中，pit的開始處與結束處會對應到數位訊號的資料1，其他部分則對應到數位訊號的資料0。這樣便能用於記錄數位化的音樂或電腦資料。

雷射光是由發光元件的雷射二極體射出，CD的反射光則是由感光元件的光二極體檢測。

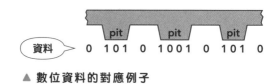

▲ **數位資料的對應例子**

人類可以聽到的聲音頻率上限為20kHz（p.146）左右。所以CD對類比音源的取樣頻率（p.189）設定為44.1kHz，為20kHz的2倍以上，這樣便可收錄到「對人類而言」資訊完整的聲音。

CD的問題與解決方式

不過，在實際用CD記錄資料時會發生一些問題。若數位訊號的資料為連續的1，就必須連續配置許多很短的pit，這會造成資料讀取上的問題。

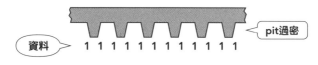

▲ **資料為連續的1的例子**

如果音軌上為許多連續的短pit，便很難精確檢測出雷射光的反射量，因而容易出現錯誤。為了解決這個問題，技術人員發明了一個方法，使記錄的資料不會出現連續的1。CD會將由0與1構成的8位元數位資料視為一個基本單位。不過記錄在光碟上時，會先將8位元資料轉換成14位元資料。14位元資料的排列方式（16384種）為8位元資料排列方式（256種）的64倍之多，因此每一種

8位元資料的排列方式皆可對應到14位元資料中，沒有連續的1的排列方式。這種轉換過程稱為**八比十四調變**（eight to fourteen modulation），也就是將8位元資料轉換成14位元資料。

▼ 八比十四調變的例子

8位元資料	14位元資料
0110 1010	1001 0001 0000 10
0110 1011	1000 1001 0000 10
0110 1100	0100 0001 0000 10

8位元資料　　　　　　　　　　　　　　　14位元資料

八比十四調變

0110 1010 ➡ 1001 0001 0000 10

連續的1　　　　　　　　　　　沒有連續的1

▲ 轉換成沒有連續的1的資料

CD-ROM與CD-R的差異

　　CD可分成只能讀取已記錄資料的**CD-ROM**，以及使用者可寫入資料的**CD-R**。讀取CD-ROM資料時，會使用0.2mW左右的弱雷射光，並檢測其反射光。另一方面，將資料寫入CD-R時，則會使用比讀取資料時還要強，約5～8mW左右的雷射光照射，以雷射光的熱融化光碟記錄層上的有機色素，使其在相鄰的聚碳酸酯基板上形成pit。

59 CD、DVD、BD 有什麼差別？

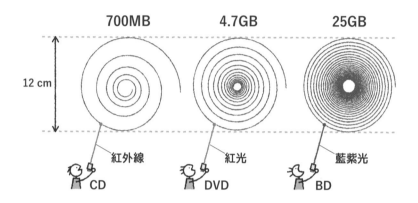

700MB　　　　4.7GB　　　　25GB

12 cm

紅外線　　　　紅光　　　　藍紫光

CD　　　　DVD　　　　BD

可記錄的資料量不同

代表性的光碟包括**CD**（compact disc）、**DVD**（digital versatile disc）、**BD**（blu-ray disc）等。上述這些光碟的工作原理基本上與前一節提到的CD相同（調變方式不同），就是用雷射光沿著音軌照射，再檢測其反射光，判斷記錄的數位資料是0還是1。不過，這些光碟可記錄的資料量並不相同。CD大約為700MB、DVD為4.7GB以上、BD則可記錄25GB以上的資料（1GB ＝ 1000MB）。這些光碟的用途如下。

- **CD**：聲音資料（700MB左右）。
- **DVD**：影音資料（4.7GB以上）。
- **BD**：高解析度影音資料（25 GB以上）。

舉例來說，4.7GB的DVD只能記錄約25分鐘的高解析度影音，25GB的BD則可記錄約2小時10分鐘的高解析度影音。另外，這些光碟都可用於儲存一般電腦的資料。

為什麼記憶容量會有差異？

　　CD、DVD、BD的直徑皆為12cm，但記憶容量卻有差異，這是因為三者的音軌間隔及pit大小不同。音軌間隔或pit越小，結構越緊密，可記憶的資料量就越多。但另一方面，結構越緊密，雷射光束就必須照射得越精準。雷射光照射的面積直徑稱為**光斑直徑**。雷射光的波長（顏色）會影響最小光斑直徑。偏藍的雷射光，光斑直徑較小。藍光光碟（BD）的「藍」，指的就是雷射光的顏色。藍光雷射元件是應用1993年發明的藍光LED（**參照** ㉔）技術。

　　有些光碟產品會在一張光碟的記錄面上建構多層結構，以提升記憶容量。有些光碟則可以覆寫資料，如CD-RW、DVD-RW、BD-RE等。

▼ 光碟規格範例

項目	CD	DVD	BD
雷射光波長	780nm（紅外線）	650nm（紅光）	405nm（藍紫色）
光斑直徑	1.5μm	0.86μm	0.38μm
音軌間隔	1.6μm	0.74μm	0.32μm
最小pit長	0.87μm	0.4μm	0.138μm
記憶容量	700MB左右	4.7GB以上	25GB以上

60 聲音與影像資料的壓縮

縮小資料量

聲音、影像的資料量通常相當龐大，一般會希望盡可能在不降低品質的情況下，減少資料量。這種減少資料量的方式就叫做**壓縮**。目前已有許多壓縮技術投入實用。

聲音資料與影像資料

　　人類的聽覺有個性質，那就是頻率不同的聲音，聽起來的音量大小也不一樣。也就是說，即使原本的音量大小相同，如果頻率不對，人類便有可能聽不到。另外，較大的聲音會蓋過較小的其他聲音，使人耳聽不到那些較小的聲音。我們可以利用這些現象，將聲

音資料分解成多個頻率成分，消除人耳聽不到的聲音資料，藉此壓縮整體的資料量。**MP3（MPEG-1 Audio Layer-3）**就是一種聲音資料的壓縮規格。MP3可以將資料量壓縮到原本的1/10，不過壓縮率越大，資料的品質就越差。

　　至於影像方面，可利用人類視覺對亮度差異較敏感、對顏色差異較不敏感的特性，壓縮影像資料。照片等靜止影像的壓縮規格為**JPEG**，影片等動態影像的壓縮規格則為**MPEG-2**、**MPEG-4**等。MPEG-2與MPEG-4皆使用DCT（離散餘弦轉換）這種頻率轉換手法壓縮資料。這些壓縮方式在壓縮率提升時，畫質都會劣化。資料的壓縮可以分成**非破壞性壓縮**，以及**破壞性壓縮**。

- **非破壞性壓縮**：壓縮後的資料可恢復成原本的資料。
- **破壞性壓縮**：壓縮後的資料無法恢復成原本的資料。

　　這裡介紹的MP3、JPEG、MPEG-2、MPEG-4等規格，皆屬於破壞性壓縮。在電腦等裝置上存取這些壓縮資料時，可透過資料檔案的副檔名（檔名最後面的符號）判斷資料的規格。

▼ 規格與副檔名的對應範例

規格	用途	副檔名
MP3	聲音	.mp3
JPEG	靜止影像	.jpg　.jpeg
MPEG-2	影片	.m2p
MPEG-4	影片（可對應低畫質）	.mp4

61 以數位方式處理電訊號並放大訊號的 D類放大電路

以數位方式進行處理。

以動作點為基準。

D類放大電路

類比放大電路

D類放大電路的基本結構範例

D **類放大電路**是以數位方式處理聲音等電訊號，並放大訊號的電路，也叫做**數位放大器**。在 ㊲ 中，我們提到可用動作點的位置為放大電路分類，不過D類放大電路不是用這個方式分類。D類放大電路的基本結構如下。

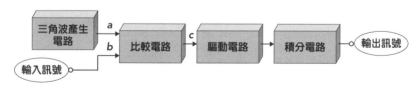

▲ D類放大電路的基本結構範例

三角波產生電路　　a
　　　　　　　　　b　比較電路　c　驅動電路　積分電路　輸出訊號
輸入訊號

- **三角波產生電路**：生成輸入訊號，用於脈衝寬度調變。
- **比較電路**：用比較器進行脈衝寬度調變。可使用無負回授的運算放大器。
- **驅動電路**：透過MOSFET等元件的開關作用，放大數位訊號的振幅。
- **積分電路**：去除數位訊號中不需要的雜訊成分，恢復成類比訊號。

脈衝寬度調變

假設欲放大之訊號為正弦波v_i。將正弦波v_i與三角波訊號v_t同時輸入至比較電路（**比較器**）。若運算放大器（**參照** ㉛）無負回授線路，便可當成比較器使用，比較2種輸入訊號並輸出結果。比較器可比較正弦波v_i與三角波v_t的大小。舉例來說，當$v_i > v_t$時，輸出電壓v_d為3V，否則輸出電壓為0V。

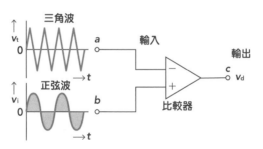

▲ 比較電路（比較器）

接下來，請試著比較看看比較電路所輸出的數位訊號v_d與輸入之正弦波v_i的波形。v_d橫軸（時間軸）的變化，與輸入之正弦波v_i的大小成正比。

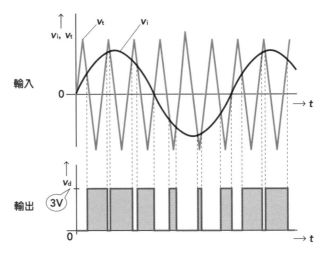

▲ 比較電路的輸入與輸出波形對應範例

　　這種訊號轉換方式稱為**脈衝寬度調變**（PWM）。脈衝寬度調變獲得的訊號為方波ON與OFF的時間比（**負載比**），可對應到原訊號的大小。

　　在這個例子中，以這種方式得到的比較電路的輸出訊號（脈衝寬度調變），其振幅v_d = 3V。我們可以運用更大的電力與其他半導體放大這個振幅。例如，我們可以在驅動電路中使用MOSFET（**參照** ㉗），輸入振幅為3V的v_d，輸出振幅為15V的v_d'。這裡運用了MOSFET在飽和區運作時的開關作用（**參照** ㉖）。這種放大作用稱為D類放大。

輸入至積分電路

　　將得到的v_d'再輸入至**積分電路**，即可輸出類比訊號v_o。輸入方波至積分電路時，可輸出類比訊號如p.207的上圖。我們可以用運算放大器等元件，建構出積分電路。

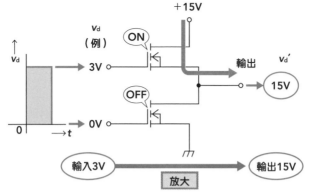

▲ MOSFET驅動電路的範例

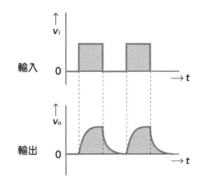

▲ 積分電路的輸入輸出波形範例

　　綜上所述，輸入的正弦波v_i經過脈衝寬度調變、經過MOSFET驅動電路放大振幅，再輸入至積分電路，輸出類比訊號的正弦波。D類放大電路有著耗電量低、放大效率高的優點。不過，生成直線狀三角波的難度較高，所以在放大脈衝寬度調變波的振幅時，便會產生許多雜訊，為其一大缺點。不過隨著IC化技術的提升，已可解決這些缺點，所以這些元件已廣泛運用於許多音訊機器中，而且現在的D類放大電路一般都已IC化。

62 持續進化中的滑鼠

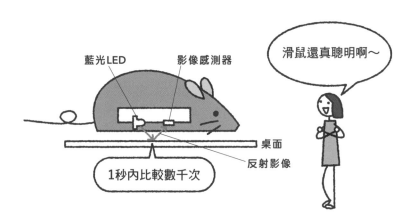

藍光LED　　影像感測器

滑鼠還真聰明啊～

桌面

反射影像

1秒內比較數千次

從機械式到光學式的滑鼠

滑鼠是操作電腦時使用的輸入裝置。因為形狀長得像是一隻老鼠（mouse），所以叫做滑鼠。當我們用手移動桌上的滑鼠時，電腦螢幕上的**滑鼠游標**就會依照滑鼠的移動方向與移動量跟著移動。另外，按下滑鼠的按鍵，還可選擇或輸入資料。

以前的機械式滑鼠內部藏有一顆球，後來發展成偵測反射光的光學式滑鼠。到了現在，使用藍光LED或雷射光的高精密度光學式滑鼠已成為主流。機械式滑鼠內部可能會累積灰塵，若沒有時常清潔，便會使操作產生誤差，此為機械式滑鼠的一大缺點。光學式滑鼠則幾乎不需要特別保養。

滑鼠的運作機制

現在一般的滑鼠底部都會有個LED燈，燈光照射到桌面後反射回來，滑鼠內的影像感測器再檢測反射影像。感測器可在1秒內讀取數千次2000dpi（每2.54cm有2000像素）的影像，再分析這些影像的變化，計算滑鼠的移動方向與移動量。

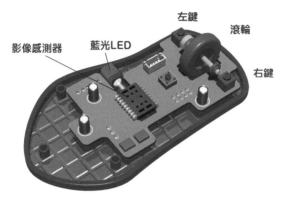

▲ 滑鼠內部

不管桌面是有光澤的平面，或是不透明的玻璃面，滑鼠感測器都能透過桌面上的些微劃傷，或是附著在桌面上的灰塵位置，計算出精確的移動量。另外，還有些無線滑鼠會使用藍芽技術連接到電腦主機。

筆記型電腦除了使用滑鼠之外，還會使用**觸控板**作為輸入裝置。觸控板可以透過靜電變化檢測手指的移動。

▲ 觸控板

63 可控制光的顯示器

代表性的影像顯示裝置

液晶顯示器與OLED顯示器皆為電腦或智慧型手機等常用的影像顯示裝置。兩者皆有輕、薄、耗電量低的優點。

液晶顯示器（LCD）

　　細長棒狀的液晶分子會沿著刻在**配向膜**上的溝槽排列。如果用2張溝槽角度相差90°的配向膜夾住液晶，便會扭轉中間的液晶分子，使兩端液晶分子的排列角度相差90°。在這種狀態下，從一側照進縱向偏光。這裡會用到2個偏光板，偏光板A只能讓縱向偏光通過，偏光板B只能讓橫向偏光通過。於是，照進液晶的縱向偏光

會發生90°的**偏振**（相位偏移），轉變成橫向偏光再離開液晶。這種橫向偏光可通過偏光板B抵達另一側。

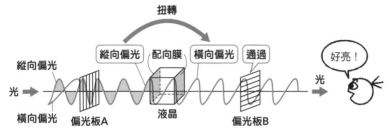

▲ 光扭轉90°後通過偏光板B

　　若對兩端的配向膜施加電壓，液晶分子就不再扭轉，而會直線排列。於是，進入液晶的縱向偏光會直接穿過液晶。但縱向偏光無法通過偏光板B，所以光無法抵達另一側。

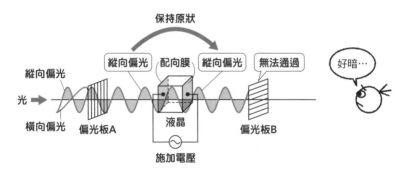

▲ 保持縱向偏光便無法通過偏光板B

　　因此是否對液晶的配向膜施加電壓，可決定光是否能穿過液晶來到另一側，就像遮光板一樣。製作彩色液晶顯示器時，便會在透明電極的旁邊設置彩色濾光片，合成3種顏色（R：紅、G：綠、B：藍）的光。

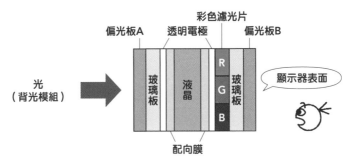

▲ 液晶顯示器的結構

在液晶顯示器中,液晶可以控制光是否通過,藉此在螢幕上顯示出想要的畫面。不過液晶本身不會發光,所以必須準備**背光模組**之類的光源。一般會使用LED(發光二極體)作為背光模組。

OLED顯示器

OLED顯示器是用有機化合物材料製作而成的顯示器,也叫做OELD。這裡的EL為**電致發光**(electroluminescence)的縮寫。

將由有機化合物製成的發光層置於兩電極之間,並施加電壓,發光層的分子便會進入高能量狀態,這個過程稱為**激發**。當激發後的分子回到原本的能量狀態時會發光,這個光可以通過玻璃板釋出。

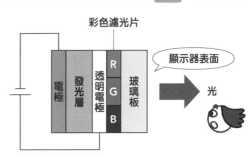

▲ OLED顯示器的結構

OLED顯示器與液晶顯示器不同，本身會發光（**自體發光**），所以不需要背光模組。作為彩色顯示器使用時，與液晶顯示器一樣，需要3色的彩色濾光片，此時的發光層會發出白光。

▼ 顯示器比較

項目	液晶顯示器	OLED顯示器
背光模組	必要	不需要
厚度	薄	非常薄 （有些產品可彎曲）
壽命	6萬小時左右	3萬小時左右
解析度	高	非常高
價格	便宜	比液晶顯示器貴

LED顯示器

目前也有研發團隊在開發LED（發光二極體）顯示器。LED與OLED顯示器都是用能自體發光的元件，實現高亮度的顯示器。LED有優異的耐久性，適合製作成戶外大型顯示器。此外，LED也常用於製作文字跑馬燈。不過目前LED顯示器的價格相當高，電視與電腦用的LED顯示器仍未普及。

64 常見於智慧型手機與平板電腦的觸控螢幕

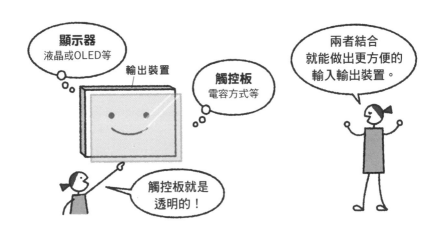

顯示器
液晶或OLED等

輸出裝置

觸控板
電容方式等

兩者結合
就能做出更方便的
輸入輸出裝置。

觸控板就是
透明的！

電容方式

觸控板是一種輸入裝置，可以與顯示器組合成輸入輸出兩用裝置。觸控板有很多種，這裡要介紹的是智慧型手機與平板電腦等裝置常使用的**投影電容式**觸控板。這種類型的觸控板，在玻璃板與透明膜之間夾有**電極圖樣層**。電極圖樣層可分為3層，中間為絕緣膜，兩側分別為縱向與橫向的透明電極。在電極圖樣層的外框上，裝有許多縱向與橫向的檢測電極。當我們觸碰觸控板的透明膜時，電極圖樣層的**電容**會出現變化，而外框的檢測電極可偵測到這些電容的變化量，得知手指觸碰的精確位置。關於電容可以參考前面的說明（**參照** ⑯ ）。

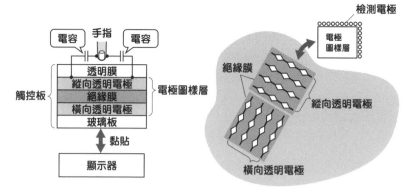

▲ 電容式觸控板的結構

觸控板＋顯示器

　　若將觸控板黏貼在顯示器上，便能看著畫面透過視覺來操作裝置。而且，投影電容式裝置可同時檢測出多個位置。因此，我們可以用多個手指放大或縮小畫面（手勢操作）。不過，操作時需仰賴手指間的電容，如果戴著手套或使用非導電觸控筆，就無法正常操作觸控板。

　　除了投影電容式之外，還有數種不同類型的觸控板。**超音波表面彈性波式**觸控板的外框可發出超音波，並由接收到的超音波變化量感測出手指的位置。使用這種方式，即使觸控板的表面有損傷也不會影響其運作。一些需要在惡劣環境下穩定運作的高公益性裝置或是遊戲機等，便經常使用這種觸控螢幕。另外還有可感測紅外線變化量的**紅外線式**觸控板。

6～10劃

〈作者簡歷〉

堀桂太郎

日本大學理工學研究科資訊科學研究所博士（工學）。

國立明石工業高等專門學校榮譽教授。神戶女子短期大學綜合生活學科教授。

著有《圖解 數位電路教室（絵とき ディジタル回路の教室）》、《圖解 類比電子電路教室（絵とき アナログ電子回路の教室）》（以上由Ohmsha出版）；《圖解 PIC單晶片實習——從零開始學習電子控制 第2版（図解 PICマイコン実習——ゼロからわかる電子制御 第2版）》、《圖解 電腦系統結構入門 第3版（図解 コンピュータアーキテクチャ入門 第3版）》、《圖解 邏輯電路入門（図解 論理回路入門）》（以上由森北出版）；《掌握運算放大器的基礎（オペアンプの基礎マスター）》、《由例題入門Python程式設計（例題でわかる Pythonプログラミング入門）》（以上由電氣書院出版）等。

超圖解電子電路入門

從電路的分類、元件功能到實際應用，
一次學習到位！

2024年4月1日初版第一刷發行
2024年7月15日初版第二刷發行

作 者	堀桂太郎
譯 者	陳朕疆
主 編	陳正芳
美術編輯	許麗文
發 行 人	若森稔雄
發 行 所	台灣東販股份有限公司
	＜地址＞台北市南京東路4段130號2F-1
	＜電話＞(02) 2577-8878
	＜傳真＞(02) 2577-8896
	＜網址＞http://www.tohan.com.tw
郵撥帳號	1405049-4
法律顧問	蕭雄淋律師
總 經 銷	聯合發行股份有限公司
	＜電話＞(02) 2917-8022

日文版工作人員

插圖　　　サタケ シュンスケ
內文設計　上坊 菜々子

國家圖書館出版品預行編目 (CIP) 資料

超圖解電子電路入門：從電路的分類、元件功能到實際應用，一次學習到位！/ 堀桂太郎著；陳朕疆譯. -- 初版. -- 臺北市：臺灣東販股份有限公司, 2024.04
240面；14.7×21公分
ISBN 978-626-379-289-0 (平裝)

1.CST: 電子工程 2.CST: 電路

448.62　　　　　　　　　　113002167

Original Japanese Language edition
"DENSHI KAIRO MAJIWAKARAN" TO
OMOTTATOKINI YOMUHON
by Keitaro Hori

Copyright © Keitaro Hori 2023
Published by Ohmsha, Ltd.
Traditional Chinese translation rights by arrangement with Ohmsha, Ltd.
through Japan UNI Agency, Inc., Tokyo